라맹알라파트

호기심 반죽에 손 담그기
프랑스 과학교육의 새로운 물결

조르주 샤르파크 지음
김병배, 윤선영 옮김

끄세쥬 (Que sais-je?)

* 이 책은 *La Main à la Pâte* (Flammarion, 2011)의 번역본으로, '라맹알라파트' 유관 기관을 소개하는 부록과 역자 주를 두어 독자의 이해를 돕고 있습니다.

* 이 책은 프랑스문화원의 출판번역지원프로그램의 도움으로 출간되었습니다.
Cet ouvrage a bénéficié du soutien des Programmes d'aide à la publication de l'Institut français.

사진으로 보는 라맹알라파트

사진1. 라맹알라파트 선도 학교 노장쉬르센 유치부 탐구 활동

사진2. 우선교육지구(ZEP) 아노네 시 삐에르 중학교의 탐구 활동
(라맹알라파트 재단과 화학의집 재단이 발주한 "경찰 조사" 프로젝트)

사진3. 우리 발밑의 생물 다양성(유치부)
(학교 주변 흙을 채집해서 생물 다양성을 탐구하는 활동)

사진4. 우리 발밑의 생물 다양성(초등 저학년)

사진5. 우리 발밑의 생물 다양성(초등 고학년)

사진6. 로봇 프로그래밍
(알고리즘과 프로그래밍은 아동이 개발해야하는 필수 요소)

사진7. “도전 로봇”
(1,000여명의 학생이 참가하여 자신들이 고안한
로봇 알고리즘과 프로그래밍을 시연하는 행사)

사진8. “과학 포럼”
(메종데시앙스와 협업한 학급 학생들이 참가하여 자신의 탐구 활동을
소개하고 새롭게 알게 된 지식을 설명하는 이틀간의 행사)

◆ 목차

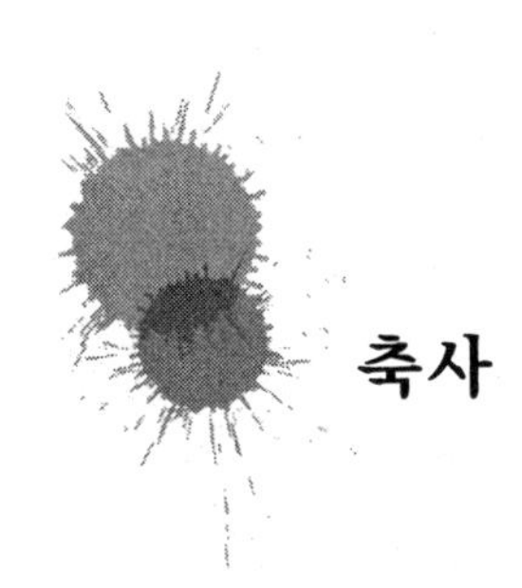

축사

『라맹알라파트』 한국어판 출간을 축하하며

피에르 레나[1)]

1995년, 프랑스 과학아카데미 회원이자 물리학자인 조르주 샤르파크 박사는 뜻을 같이 하는 동료(이브 케레와 나)와 함께 프랑스 초등교육 교사들의 실제 수업에서 실험적인 과학 교육이 전무하다시피 하다는 점을 깨닫고 이 문제를 고민하게 됩니다. 이후 우리는 과학아카데미의 확고부동한 지원을 통해 학교 현장을 변화시킬 수 있는 협력 사업을 프랑스 교육부에 건의하게 되었고, 1996년에 시작된 이 사업은 25년이 흐른 지금까지 이어지고 있습니다. 이 협력의 목적을 구체화하고 우리의 목표를 집약적으로

---

1) Pierre Léna (1937~): 파리고등사범학교 수학, 천체물리학자, 프랑스 국립과학아카데미, 국립교육아카데미 정회원, 국립과학연구소(CNRS) 윤리위원장 역임. *L'Observation en Astronomie*(천문학에서의 관찰)을 비롯하여 2019년 출간된 *Une Histoire de Flou*(모호함의 역사)에 이르기까지 다수의 과학 및 교육 분야 도서를 저술한 프랑스 과학계의 큰 인물이다.

보여줄 수 있는 일종의 선언문을 발표하기로 했습니다. 그것이 바로 이 책입니다.

과학자, 연구원, 유치원 교사까지 다양한 분야의 전문가 이십 여 명이 참여하여 한 주간 집중적으로 작업한 결과를 이 책 속에 담았습니다. 우리가 초등학교 교사들에게 전하고 싶었던 바는 교수법 차원에서의 혁신, 곧 기존의 방식과의 결별이었습니다. 아이들이 스스로 실험을 할 수 있도록, 스스로 세상 속 자연 현상을 관찰할 수 있는 환경을 조성해 주고, 이를 바탕으로 아이들이 스스로 질문을 구상할 수 있도록 함과 동시에 아이들이 자신의 말로 자유롭게 가설을 세울 수 있게 할 뿐만 아니라, 한 발짝 나아가 결론을 내리기 위해 가설을 점검하거나 실험을 할 수 있게 하는, 즉 탐구 방식을 통한 변화를 말하고자 했던 것입니다. 우리가 제안한 교수법의 특징으로는 언어 표현, 손으로 조작할 수 있는 능력 키우기, 소그룹 협동 학습을 점차 학급 전체로 확대하는 방식을 들 수 있겠습니다. 학문으로서의 과학과 너무 멀어진 교사들이 이 교수법을 제대로 실행할 수 있도록 텍스트 문서나 당시 막 등장했던 인터넷을 이용한 안내 자료를 만들어 제시하기도 했습니다. 시작은 미미했지만 - 약 백여 개의 학급이 참여했지만 - 이 초반의 경험에서 드러난 학생들 못지않은 교사들의 열정 덕분에 우리의 시도는 교육부의 지원에 힘입어 빠르게 확산 되었습니다. 2000년대 초반부터 위와 같은 원칙을 바탕으로 한 전국 차원의 교육 프로그램이 만들어진 것입니다.

이러한 작업이 교육부와의 긴밀한 협력을 통해 프랑스 과학아카데미 조직 내부에서 뻗어나갈 수 있게끔 우리는 점차 활동 반경이 커지게 될 팀을 구성하였습니다. 2011년 과학아카데미가 '라맹알라파트'라는 이름의 과학 협력 재단을 설립한 것입니다. 오늘날 스무 명이 넘는 인원으로 꾸려지고 있는 이 재단은 16세까지의 학급을 지원한다는 처음 우리가 세운 원칙에 따라 초등학교뿐만 아니라 중학교 교사들까지 지원하고 있습니다.

우리가 기울인 노력은 2000년대 초반부터 국제적 반향을 불러일으켰습니다. 라틴아메리카, 중국, 아프리카, 동남아시아, 유럽에서도 프랑스가 겪은 문제점들이 속속 나타나게 되었고, 우리가 점진적으로 발전시켰던 해결 방안이 정도의 차이는 있을지언정 다른 나라의 상황에도 적용될 수 있음을 알게 되었습니다. 과학의 아름다운 면모를 아이들이 몸소 실천하게 하자면 결국 아이들의 호기심에 기대야 한다는 사실은 보편적 진리였습니다. 호기심과 과학이라는 두 요소가 교실 안에서 만날 수 있게 이어주는 접근 방식은 전 세계 어디서든 포용되는 올바른 교수 방법론이었습니다. 노벨상 수상자까지 포함된 뛰어난 과학자들과의 협력이 이루어지는 탐구 교수법은 서로 다른 이름을 달고 세계 곳곳에서 발전하게 되었고, 2020년 지금까지 그 진화는 계속되고 있습니다. 배움의 방식이나 타인과 관계를 맺는 방식을 전격적으로 변화시킨 소셜 네트워크의 등장으로 요즈음 세상이 아무리 달라졌다 하더라도, 때로 과학 자체가 시험대에 오르는 상황이 되었다 하더라도, 아이들의 호기심은 사라지지 않을 것이며, 우리의 미래는 합리적 이성을 통해 사고하는 능력을 갖춘 젊은이들을 지속적으로 필요로 하며, 우리가 추구하는 가르침의 방식이야 말로 인간의 지적 능력이 갖는 힘에 대한 감탄과 함께 자기 자신에 대한 합리적 믿음을 불러일으킬 수 있을 것입니다.

약 15년 전에 방문했던 고요한 아침의 나라, 한국의 독자들이 이 책을 통해 우리를 일깨워준 원칙들을 하나하나 깊이 있게 알아갈 수 있게 되었다는 사실이 무척 기쁩니다. 그 어떤 자연 현상에 감탄하면서 과학적으로 사고하는 방법을 깨달아 나가는 아이들의 초롱초롱한 눈빛을 바라볼 수 있는 행복을 한국의 교사들도 어려움 없이 이해할 수 있으리라 확신합니다.

추신: 라맹알라파트 운동 초기 과학자들이 기울인 노력과 학교 현장 교육 활동에 대해서는 『어린이와 과학 - 라맹알라파트의 모험 -』[2]에 자세히 소개되어 있습니다.

---

2) *L'Enfant et la Science: L'Aventure de La Main à la Pâte* (Pierre Léna & Yves Quéré, Odile Jacob 2005)

추천사

홍훈기

이 책은 프랑스의 핵물리학자이자 1992년 노벨 물리학상을 수상한 조르주 샤르파크(Georges Charpak) 박사가 1995년 프랑스 과학 아카데미 및 교육부와 함께 주도적으로 시작한 국가 과학교육 개혁 운동의 핵심적인 가치를 담고 있으면서 이론과 실천에 필요한 다양한 프로그램과 자료 등을 포함하고 있다. '손으로 반죽을'이라는 뜻의 '라맹알라파트'는 밀가루 반죽을 주무르듯 손수 체험하면서 과학의 개념을 이해하고 생활 속에서 과학을 실천하자는 이념을 함축한 말로 현재 프랑스 초등학교 교사들이 이 프로그램을 수업에 활용하고 있다. 이 운동을 뒷받침하기 위하여 2011년 설립된 라맹알라파트 재단은 교수자와 학습자들이 조사, 탐구활동, 실험가 추론, 토론 등의 과정을 수행할 수 있도록 실험 자료와 도구는 물론 교사연수 프로그램을 제공하고 있다. 이는 우리나라 정부가 고시한 "2015 개정 교육과정"이 추구하는 과학 교과 교육의 성격, 즉 문·이과 통합형 교과과정 개발을 통해 창의융합형 인재로 학생들을 기르기 위해 모든 학생이 과학의 개념을 이해하고 과학적 탐구 능력과 태도를 함양하여 개인과 사회의 문제를 과학적이고 창의적으로 해결할 수 있는 과학적 소양을 기르도록 한 것과 일맥상통한다.

이 책은 근대 과학의 근본정신이기도 한 '코기토(Cogito)' 철학을 정초한 데카르트의 사유 방법과, 과학적 인식 태도를 중시하는 전통 속에서 국가가 필요로 하는 인재 양성을 위해 엘리트 교육을 체계적으로 꾸준히 이행해 온 프랑스 교육의 핵심을 보여준다. 과학 교육에 뜻을 같이하는 사범대학 교수, 교사, 장학사, 역사학자, 유치원 원장, 교장, 과학 사회학자, 생물학자, 교육부 정책관리관, 박물관장으로 구성된 전문가들이 과학 교육의 현실을 진단하고 새로운 비전을 제시하며, 학습자, 교수자, 사회, 교육정책으로 나누어 이 네 주체의 관점에서 과학을 실천해 나갈 수 있는 방안을 조망하고 있다. 학습자의 인성을 발달시키는 데 기여할 수 있는 구체적 사례, 학부모와 교사가 학습자와 함께 생활 속에서 과학을 실천하는 능동적 교수법, 사회와의 유기적 관계에서 과학의 역할에 대한 성찰 등, 라맹알라파트식 접근을 통해 민주적 의사결정과 시민의식 제고, 교육을 통한 사회통합 등과 같이 이 책 속에 포함되어 있는 내용은 우리나라의 미래 과학교육의 지향점을 제공한다고 볼 수 있다.

지난 40여 년간 실험과학과 과학 교육에 대한 연구를 경험한 학자로서 『라맹알라파트』의 출판을 축하하며, 과학 교육 종사자는 물론 학부모들에게도 일독을 권하는 바이다.

2020년 4월 10일,

서울대학교 사범대학 화학과 교수 홍훈기

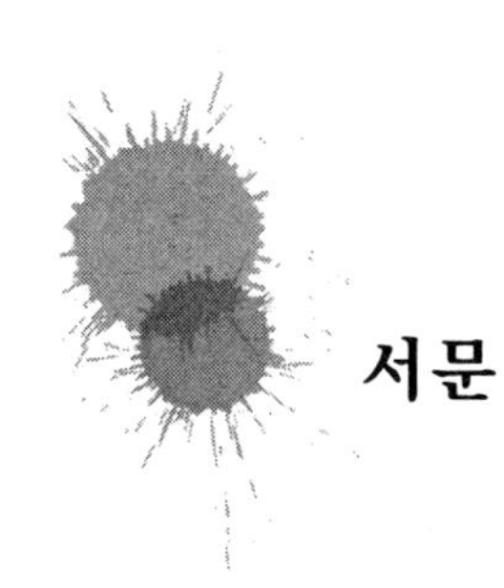

서문

조르주 샤르파크[3)]

이 책은 "유치원에서부터의 과학 교육을 새롭게 하여 교육의 질을 높이자"라는 주제 아래 모인 전문가 회의에서 논의된 반성적 성찰이 계기가 되어 세상에 나오게 되었습니다. 열다섯 명의 과학자와 교수자로 구성된 이 모임은, '라맹알라파트'라 명명한 과학 교육 프로그램을 350여 개 초등학교에서 시범적으로 실시한다는 교육부 교육과정 고시와 때를 같이 하여 트레이 재단[4)]에서 개최되었습니다.

우리의 관심은 하나같이 아이들이 사회와 일터에 곧바로 적응할 수 있는 신통한 처방전 같은 것이 아니라, 아이들이 진짜 연구자 같이 자율성을 가지고 탐구하는 태도를 길러주는 교육 방법을 모색하는 데 있었습니다. 아이가 세상을 배워나가는 방식을 지켜본 사람이라면, 꼬맹이라도 얼마나 호기심이 왕성한지, 겨우 더듬어보

3) Georges Charpak (1924~2010): 1992년 노벨 물리학상을 수상한 프랑스의 과학자. 상세 이력 부록 참조 (pp. 154-155)

4) Fondation des Treilles: 학술(과학, 인문학, 예술) 부문과 문화유산 분야로 나누어 운영되며, 개별 연구소 설립이라든가 국가 수준의 학제적 연구 및 개인 연구를 재정적으로 지원하는 프랑스의 학술문화재단이다. 세부 활동 홈페이지 참조.
(https://www.les-treilles.com/en/the-fondation-des-treilles/)

는 선에서 그치고 말지라도 얼마나 실험을 하고 싶어 하는지, 무언가를 새로 찾아냈을 때 얼마나 기뻐하는지를 아실 겁니다. 그러니 유치원 교육에서부터 감각기관을 사용하는 실행을 통해 세상을 배울 수 있게 하고, 진짜 흥미를 불러일으키는 실험은 몇 번이라도 할 수 있도록 시간을 내주어야 한다는 주장에는 충분히 그럴만한 이유가 있습니다. 또한, 초등 교육에서는 단지 '읽기, 쓰기, 셈하기'를 가르치는 것으로 끝낼 게 아니라, 아이들이 실제 해봄으로써 배울 수 있는 행동의 반경을 넓혀주어야 할 것입니다.

바야흐로 과학은 우리 시대의 핵심 역할을 수행하며 우리 삶의 방식에 대전환을 가져왔습니다. 한편 과학은 조상 대대로 내려온 사회 구조나 과학을 위협으로 보는 특정 사회 조직을 흔들어 역효과를 가져오기도 했습니다. 또한 물질적 풍요, 육체적 건강, 과학이 가져다준 쾌락을 만끽하면서도 과학에 무심하게 살아가는 부류도 있습니다. 과학을 통해 지식의 장을 넓히고 끊임없이 새로운 경이로움으로 자극받는 소수의 엘리트들은 과학에 대한 환멸이 퍼져가는 사회 현실 속에서 충격을 받기도 합니다. 이러한 환멸은 역사상 가장 암울했던 세기에 그랬던 것처럼 경도된 이념을 퍼뜨리면서 특정 집단의 수와 영향력을 키워주는 결과를 초래하기도 합니다.

실천적 과학 교육의 좋은 점

초등학교에서 이루어지는 읽기와 쓰기 학습은 대체로 단순한 이야기들을 토대로 합니다. 그러나 중학교에 들어오면 학생들은 양자택일이나 모순된 상황을 제시한 텍스트에 근거하여 논증해 나갈 수 있는 능력을 평가받게 됩니다. 바로 이 단계에서 사회적 차별이 나타나게 됩니다. 보다 여유 있는 식자층 자녀들에게 논증은 사회적 의사소통의 한 부분이 되어 자연스럽게 몸에 배어 듭니다. 폴리테크닉[5] 재학생들의 집안 출신 구성을 비교해보더라도 이를 확인할 수 있습니다. 나라 전체 인구의 6%를 차지하는 농촌 출신 학생의 비율은 겨우 1%인데 반해, 총인구의 극히 일부인 상류층 관리직 가정 출신 학생이 76%나 된다는 사실은 결코 우연이 아니니까요. 그런데, 과학적 추론은 성찰, 논증, 판단 능력을 향상하는 강력한 도구로서의 기능을 행사합니다. 따라서 유년기부터 과학 교육을 제대로 해줄 수만 있다면, 5800만 프랑스 국민 전체에서 엘리트 지도자를 이끌어내는 것이 아니라, 1000만 정도로 제한된 인재 풀에서 찾고 있는 셈인 우리의 그릇된 풍토를 바로잡을 수 있는 강력한 해결책이 될 것입니다.

역대 프랑스의 교수자들 가운데는 학교 교육의 내용을 변화시키기 위하여 아이들을 유년기부터 자연과학 교육에 노출시키고 독창적인 실험을 하게끔 해야 한다는 결론을 내리고 앞장서서 자신들

---

5) École Polytechnique: 엄격한 선발 과정을 통해 매년 500명 미만의 우수한 학생이 입학하는 프랑스 제1의 이공계 그랑제꼴. 1794년 국가 재건을 책임지는 공병 인재 양성을 위한 목적으로 설립되었으며, 프랑스의 과학, 기술, 산업 발전을 견인하는 데 크게 이바지한 명문 학교이다. 프랑스인은 입학과 동시에 공무원 신분의 특전을 누리며, 국가 엘리트로서의 의무감을 심어주기 위해 4년 이수과정에 군사교육 기간을 두고 있다. 프랑스 혁명기념일의 군대행진에서도 정복을 입은 이 학교 학생들이 맨 앞에 등장한다.

의 소신을 실천해 나간 선구자들이 있습니다. 또한, 프레네 교육[6] 방식을 적용하는 학급에서 볼 수 있듯이 교사-아동 역할 관계 전환을 모색하는 이들도 있습니다. 이러한 시도 대다수는 성공하여 지지를 받고 있습니다. 따라서 우리는 프랑스 교육 체제에 관계하는 구성원 모두에게 이러한 방식이 타당한 것임을 설득하고자 합니다.

미국에서는 무슨 일이 벌어지고 있는가?

1994년 필자는 과학자 및 대학교수로 구성된 교육부 파견 그룹과 함께 시카고 낙후 지역의 몇몇 학교를 방문하였습니다. 나의 동료 물리학자 레옹 르데르만이 이끌어가는 일종의 '과학 입문 과정'이라고 볼 수 있는 실험 교육을 견학하기 위해서였지요. 오늘날 시카고 공립학교 학생 40만 가운데 5만 명이 이 핸즈온(*Hands On*) 프로젝트에 참여하고 있고, 미국의 다른 주나 사립학교에서도 비상한 관심을 보이고 있습니다. 이어서 15,000여명의 공립학교 학생 중 90%가 극빈 가정 출신인 캘리포니아의 작은 마을 패서디나를 방문하였고, 이들도 이 교육의 수혜자임을 목격하였습니다. 저는 이 경험을 통해 이 실험이 미국 교육의 풍토를 완전히 뒤바

---

6) Célestin Freinet (1896~1966): 학교를 지식 전달의 수단이 아니라 삶의 공간으로 파악함으로써 교수·학습 방법과 함께 교수자-학습자 역할 체계에 혁신을 가져온 교육 혁명가이자 진보적 교육자이다. 그의 정신과 교육 방식은 '프레네 교육법(Pédagogie Freinet)'이란 이름으로 전 세계에 공유되고 있으며, 프랑스의 국립 교사양성 기관인 IUFM에서도 이 과정을 열어두고 있다. 우리나라에도 프레네 교육을 연구하고 현지의 전문가들과 교류하는 교육 단체들이 있다.

꾸고 있다고 확신하게 되었습니다.

이곳의 교실에서 우리는 학생들의 배움에 대한 갈증과 이 같은 낙후 지역에서 보기 드문 경이로움에 가득 찬 눈빛과 열정적으로 참여하는 모습에 놀라지 않을 수 없었습니다. 여기서 우리는 교육의 목표가 단순히 과학 지식의 축적에 그치지 않고, 세상에 대한 지식과 더불어 쓰기, 말하기, 이성적 사유를 총체적으로 이끌어내는 교육 방식을 통해 이루어지는 질 높은 교육을 목격하게 된 것입니다.

매일 학생들은 한 시간씩 물리와 자연과학을 공부하고 있었습니다. 교육과정은 느슨하지도 과하지도 않게 편성되었고, 초등교육 7년에 걸쳐 아이들이 탐구에 기반을 둔 지식을 얻을 수 있도록 학습 내용의 전개순서를 균형 있게 편성하고 있었습니다. 교사들은 자신이 점유하고 있는 지식을 학생들에게 강요하지 않고 학생들 옆에서 함께 배워나가는 방식으로 가르치고 있었지요. 이 교사들을 돕기 위하여 두 달에 한 번꼴로 교수 자료 바구니와 수업 준비를 위한 지침서가 지원되었습니다.

이 방식에서 드러나게 좋은 점은 각자의 공책에 자신이 했던 실험을 글로써 설명하고 그림을 그려놓는 데 있습니다. 이 공책을 찬찬히 들여다보면, 아이들의 세상에 대한 지식은 물론 자연환경 이해에 필요한 기초 개념이 어느 정도 잡혀있는지를 알 수 있고, 동시에 아이들의 글쓰기와 의사소통 능력이 어떻게 발전해 나가는지를 확인할 수 있습니다.

핸즈온 프로그램에 이어, 오늘날 미국 여러 주에서 실시되고 있는 '탐구'라는 의미의 인콰이어리(*Inquiry*) 프로그램은 소련의 스푸트닉 1호 발사로 미국이 크게 충격을 받은 1957년에 기원을 두고 있습니다. 이 시기 미국 시민들은 자국 교육의 후진성을 절감하고, 그 근본적 원인을 공교육의 부실에서 찾게 되었습니다. 1960-70년도에 미국민들은 놀라울 만큼의 혁신을 단행하였으나 대부분 실패하고 말았습니다. 그러나 저명 학자들을 중심으로 한 몇몇은 포기하지 않고 꾸준히 노력하여 오늘의 부흥을 이끌어 내었습니다.

우리의 문제로 돌아와 보겠습니다. 그동안 프랑스 초등학교 과학 교육을 발전시키는 방안의 일환으로 시카고에서의 경험을 소개하며 지원을 요청하면 여러 곳에서 특히 교육부에서 우호적인 반응을 보여주었습니다. 거기다 다소 개인 차원의 연구이긴 했으나, 지금껏 진행되어 우리의 지식으로 축적된 수많은 실험과 결과물이 있기에 우리는 맨땅에서 시작하지 않아도 되었습니다.

우리도 미국에서 상당한 규모로 지원되고 있는 물적 또는 지적 지원 노력을 이용할 필요가 있어 보였습니다. 여기서 상당한 규모란 12개 도시에서 이 프로젝트를 운영하기 위해 5년 단위로 3억 프랑씩 지원하는 것뿐만 아니라 과학 공동체가 폭넓게 기여하고 있음을 의미하는 것이기도 합니다. 국립과학학술원 산하 조직인 국가연구위원회는 정부의 요청에 따라 5년간의 연구를 거쳐 이 프로젝트를 가지고 모험을 해보고자 하는 교사들을 위한 지침서를 만들었습니다. 한편, 프랑스의 국립과학연구센터(CNRS)와 같은 역할을 수행하는 국립과학재단은 연간 30억 프랑 상당의 국가 예산을 과학 교육을 위해 사용할 수 있는데, 인콰이어리(*Inquiery)* 교육과 관련된 요청을 하는 경우에만 주 정부에 예산을 지원함으로써 각 주 정부에 암암리에 압력을 행사하고 있습니다.

트레이 재단 전문가 회의[7)]

교육부 차원의 초등 과학 교육 활성화 프로그램이 추진되고 있을 무렵, '라맹알라파트' 프로젝트를 주제로 한 트레이 재단 전문가 회의를 피에르 레나가 제안하였습니다. 그는 이 책의 머리말을 쓴 인물입니다. 교육부 고위직 공무원, 국립사범학교(IUFM) 교수자, 과학계 연구자, 유치원 및 초등학교에서 독자적인 교육 방식을 지켜온 교사들로 구성된 회의 참석자들의 면면을 보면, 프랑스에서 일어나고 있는 이 실험적 모험에 매우 다양한 집단이 관여하고 있음을 알 수 있습니다. 미국의 과학 프로그램을 실행하고 있는 카렌 월쓰와 고에리 드라꼬뜨도 미국의 경험 사례를 증언하러 왔습니다. (고에리 드라꼬뜨는 프랑스인으로, 샌프란시스코의 경이로운 박물관 엑스플로라트리윰 의 관장을 맡아 박물관을 교사 재교육 장소로 제공한 인물입니다.) 참석자 모두가 자신의 진솔한 과학적 성찰을 통해 이 책의 저술에 기여한 인물들 입니다.

우리의 생각은 수십 년에 걸쳐 프랑스 교육사에 큰 획을 그은 개혁의 전통 선상에 놓고 볼 때 더욱 중요한 의미를 갖습니다. 프랑스인 1/3만이 글을 읽을 수 있었던 1830년대 당시 학교 개혁

7) 트레이 재단 전문가 회의 개최 시기는 1996년 9월

을 향한 격렬했던 정치 투쟁을 상기해 보면, 지금 우리가 지향하는 교육 개혁은 국민 교육의 오랜 역사적 진화의 일환임을 알 수 있습니다. 1970년대 프랑스에서 일명 '깨우기'로 불리던 교육 활동들은 기대만큼 성공을 거두지 못하였습니다. 그러니만큼 과거의 실패 경험, 사회상의 변화, 외국의 사례 등을 종합적으로 고려하여 개혁의 장을 다시 이어가야 할 것입니다. 우리가 제안하는 바는 국민 교육에 영향을 주는 문제에 아주 예민한 대다수 프랑스인이 신뢰하는 교육과정 어느 하나도 어둡게 만들지 않습니다. 그런 만큼 우리 프로젝트의 성공 가능성에 확신을 더해 주고 있습니다.

트레이 재단 전문가 회의에서 지성적이고 가르치는 방식이 돋보이는 교수자들을 만나게 되었고 이들은 우리의 노선에 힘을 실어 주었습니다. 이제 풍성한 수확을 가져다줄 수 있는 씨앗은 뿌려진 셈입니다. "물은 100°C에서 끓는다!"라고 단정적으로 가르치는 학교가 지금도 있는지 모르겠습니다. 그러나 이보다는 이 현상의 진실을 알고 있는 교사가 냄비에 물을 붓고 끓이는 동안 아이들은 온도의 변화를 그래프로 기록하고 100°C가 되자 온도계가 정지하는 현상을 경험하게 하면서 아이들의 생각을 키워 간다면 수업은 얼마나 재미있겠습니까? 이러한 접근은 깊이 있는 사유로 인도해 가는 아름다운 수업의 출발점이 아니겠습니까?

우리가 노력하여 초등 과정 전반에 걸쳐 아동의 인지발달을 고려한 교육과정을 만들 수 있다면, 아이들이 지식이라는 보물의 주인이자 본질적 앎의 보유자가 되는데 필요한 도구를 다듬어 줄 수 있게 됩니다. 이렇게 배운 아이들은 생기발랄한 얼굴로 학교에서 돌아와 자기가 발견한 것을 부모에게 자랑삼아 가르쳐줄 것입니다. 이처럼 아이들은 나이 지긋한 농사꾼과 사냥꾼의 자부심과도 같은 실용적 지식과 훌륭한 연구자의 덕목인 성찰 능력을 한 데 결합할 수 있게 될 것입니다. 혹세무민의 환상을 파는 장사꾼들은 아이들을 희생양으로 끌어들여 사로잡기가 이전처럼 쉽지 않음을 보게 될 것입니다.

물론 이러한 모험의 여정에는 여러 가지 장애물도 만날 수 있고, 순진한 즉흥 연주에 기댈 수만도 없습니다. 그러나 교사 양성에 필요한 대학 차원의 투자가 교사 양성 전문 기관에서 이미 이루어지고 있다는 점에서 공교육의 상황은 미국보다 프랑스가 월등히 낫다고 할 수 있습니다. 이 기관들은 재량권을 가지고 교사 양성 기간 동안 미래의 초등학교 교사들이 자신들의 안목과 역량을 가지고 과학을 가르칠 수 있도록 새롭고도 주목할 만한 기회를 제공하고 있습니다.

남은 문제는 우리가 교육 시스템의 주체들에게 이러한 프로그램에서 필요한 모든 것을 얻도록 설득하는 일입니다. 교육부, 고등교육부, 연구진흥부 등이 만든 계획에 과학 공동체들이 대대적으로 참여하는 바와 같이, 국가의 "과학 문맹 퇴치"를 염두에 둔 과학 공동체 속에서 필요한 많은 지원을 얻을 수가 있습니다. 이를테면 "과학은 축제 중 *La Science en fête*"와 같은 잡지를 예로 들 수 있겠지요. 아울러 공대생 및 과학도들 또한 이러한 프로그램의 가동을 위해 자원 봉사자로 일할 수 있는 역량과 열의를 보여주고 있습니다. 패서디나에서 가장 권위 있는 미국 공과대학의 일부 학생들은 매년

3~4시간의 시간을 할애하여 프로그램의 성공을 돕고 있습니다. 우리가 체계적인 프로그램을 갖추고 이를 실행하는데 필요한 수단을 제공한다면 열의를 가지고 참여할 프랑스 학생들을 많이 찾을 수 있을 것입니다. (리옹 국립응용과학연구소, 낭트 광산학교, 오르세 대학교, 기타 등등의 학교 학생들이 벌써 이러한 일을 하고 있지요.) 이와 같은 맥락에서 프랑스 과학아카데미도 우리의 연구에 적극 지원하겠다는 의사를 밝힌 바 있습니다.

이 책이 말하고자 하는 바는 무엇인가?

트레이 재단에서 만나 의견을 나누게 된 우리 교사, 교수자, 과학자, 역사학자, 사회학자, 교육학자들로부터 만들어지게 된 이 책은 어떤 헌장도, 교육과정 지침도 아니며 단순하지만 강력한 사유의 묶음입니다.

우리는 극도로 낙후된 교육 특구에서 '라맹알라파트' 프로그램을 가동시킬 수 있다면, 이 프로그램이 모든 학교, 모든 환경에서 인정받게 되리라는 것을 확신하고 있습니다.

먼저, 이 책의 첫 장에서는 아이에게 초점을 두고 어떻게 그리고 왜 자연과학이 인성을 발달시키는 데 기여할 수 있는지를 말하고 있습니다(수학은 다루지 않기로 합니다). 그 다음 장에서는 교사들을 필두로 해서 학부모와 가족까지 과학의 복잡함이나 자신들의 부족한 지식에 개의치 않고 어떻게 이러한 과정에서 아이와 동행할 수 있는지를 보여줍니다. 이어서 다음 장에서는 과학과 과학의 역할에 대한 성찰을 이야기합니다. 마지막 장에서는 프랑스 초등학교 과학 교육 방법의 역사와 현재 미국과 프랑스에서 진행 중인 과학 교육의 진화에 대한 분석을 다루고 있습니다.

우리는 무엇보다 자주적인 과학 운동의 싹을 격려하고, 왜 위험을 무릅써야 하는지 정당화하고 심리적 저해 요인들을 해소하고, 이 모험에 참여하는 교사들에게 필요한 동행이 확산되는 것을 볼 수 있기를 소망합니다.

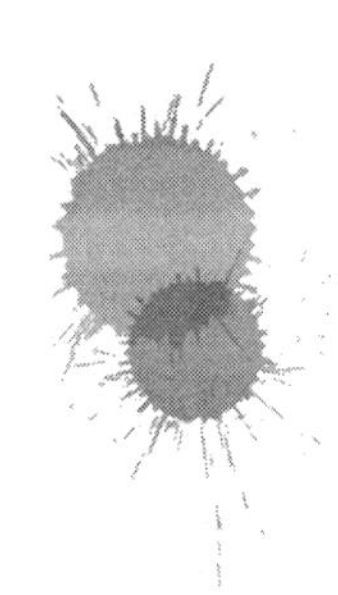

머리말

천문학, 물리학, 지구과학, 화학, 생물학을 포함하는 자연과학은 초등교육 기관(유치원과 초등학교)에서 그에 걸맞은 위상을 누리지 못하고 있다. 여러 분야의 조사가 말해주고 있듯이, 대다수의 교실에서 자연과학 교과는 교육과정에 편성되어 있긴 하지만 제대로 다루어지지 않고 있는 실정이다. 자연과학 교과 중 수학을 다루지 않기로 한 건 의도적인데, 여타 자연과학 교과에 비해 수학이 차지하는 비중은 지나치게 높아 균형이 깨어진다는 인상을 줄 정도로 학교에서 군림하는 교과이기 때문이다.

이 책은 기존의 주장을 옹호하기 위한 또 하나의 주장에 그치지 않는다. 자연과학이 올바른 대접을 받아야 함을 우리가 이토록 주장하는 이유는, 과학이야말로 아동의 발달과 긴밀히 연관되어 있을 뿐만 아니라 초등학교를 변화시켜 부모들의 관심사와 교사들의 교육 방식에 획기적인 변화를 가져와 진정한 의미의 진보를 이끈다는 사실을 진정 믿고 있기 때문이다.

이 책의 제목인 '라맹알라파트'를 자구대로 해석하여 오해하지 않기 바란다. 비록 소박한 이름을 달고 있지만, 이 말은 아이가 주변의 세상과 경이로운 접촉을 하면서 세상을 발견하고 이해하는 방법을 배울 수 있도록 보고, 듣고, 냄새 맡고, 맛보는 것과 같이 손으로 해보는 즉 오감을 활성화하고자 하는 우리의 의도를 총체적으로 담고 있는 의미심장한 표현임을 알아주기 바란다.

시카고에서 이루어지고 있는 교육 방식의 견학 여부와 관계없이, 우리 저자들은 학교에서 이루어지는 과학 교육의 제반 문제를 무대 전면에 내세우려 한다. 실상 그랑제꼴[8]에서부터 유치원까지 전 교육과정의 교사들이 과학 교육의 문제를 고민해 왔지만, 이들이 기울인 노력은 제대로 보상받지 못했다. 그러나 수년 전부터 여러 학회의 열성 활동가들이 이 분야의 교사들과 함께 현장에서 노력해 왔기에 우리가 상상하는 이상으로 많은 의미 있는 활동들이 프랑스에서도 일어나고 있을 것으로 추정한다.

그런데 오늘날의 자연과학은 학부모에게 뿐만 아니라 교사들에게까지 복잡하고 부담스러운 것이 되어버렸다. 몇몇 조사에 따르면, 학교에서 과학 교육이 제대로 실현되지 못하는 이유는 교사들이 과학 교육에 대해 갖는 태도 즉 불안, 염려, 불편함에 기인함을 알 수 있다. 고등학교 때 배운 기억은 너무 오래되었고, 대학 교육은 자연과학과는 거리가 멀 뿐만 아니라, 이 분야의 교수법 교육은 턱없이 부족했기 때문이다. 더구나 '라맹알라파트'를 실천하려면 물질적 자원뿐만 아니라 실험을 수행하는 내내 편안한 태도가 기본인데 대다수 교사는 이 같은 소양이 자신에게 부족하다고 호소한다.

우리가 추진하는 이 작업이 학부모와 교사를 안심시키고, 배경

8) 프랑스의 대학은 일반 대학(Université)과 특수목적의 엘리트 양성 기관인 그랑제꼴(Grandes écoles)로 이원화되어 있다. 그랑제꼴은 고등학교 졸업 후, 일부 고등학교에 부설된 일명 '프레빠(Prépa)'라고 부르는 그랑제꼴 준비반에서 2년간의 별도 양성 과정을 마친 후 학교별 경쟁시험을 통해 입학할 수 있다.

지식은 물론이고, 비싸지 않은 좋은 교재와 재료 등 이미 존재하는 것들을 적극 활용할 수 있도록 그들을 이끌어 주기를 바란다. 또한, 공공 기관을 자극해서 교사들을 후원을 유도하고, 교사들이 더 오래 숙고해서 준비한 가르침의 도구들을 마음껏 사용할 수 있게 하며, 이들이 개인적으로 감당해야 하는 비용을 최대한 줄여주고 이들의 열정을 한껏 북돋워 줄 수 있기를 기대한다.

여러 조사가 말해주듯 초등학교 과학 교육 시간 중 4분의 3이 생물과 기술 교과에 할애되어 있다. 그러나 이 책에서는 물리학이 상당한 부분을 차지하고 있음을 독자들은 알게 될 것이다. 실제로 우리 저자들은 그림자를 만드는 빛, 얼음이 녹는 현상, 화석의 자취 등과 같이 평범한 일상의 현상들을 활용하고자 하였다. 이러한 현상을 다른 각도에서 바라보는 법을 깨우치게 해주기 위함이다. 현상의 단순명료함은 아이의 생각을 깨울 뿐만 아니라 탐구와 사유를 하도록 해준다. 깨우침에서 사유로, 사유를 언어로 표현하도록 이끌어가는 과정은 우리의 프로젝트가 지난 몇 십 년간의 교육적 시도를 넘어서 성공을 하게 되는 특징이 될 것이다. 자연과학의 어떤 분야는 목적과 방향을 이와 달리해야 할 수도 있지만, 또 다른 분야는 이러한 접근 방식에 보다 잘 부응할 것이다.

여기서 자연과학이라는 말은 기술만큼이나 과학을 의미하며 우리는 이를 한꺼번에 지칭하기 위해서도 이 단어를 사용할 것임을 다시 한 번 밝혀둔다.

1부 아이

아이와 자연 과학

초등학생 또래의 아이는 자연과학을 기가 막히게 잘 받아들인다.
아이에게 자연과학을 가르치면 인성, 지성, 비판력,
세상을 보는 눈을 동시에 길러줄 수 있다.
아이가 제대로 배우려면,
혼자서 관찰하고 조작해보는 것만으로 그칠 게 아니라,
교사 또는 교사의 질문이 길잡이가 되어 주어야 한다.
과학은 고도로 발달한 사회에서 아이가 자라고 살아가는데
필수적인 지식의 주춧돌이다.

어린 아이들이 뭔가를 해 낼 수 있는 능력과 상상력은 놀랍다. 우리 성인들에게는, 모양이 다른 두 병에 같은 양의 물을 따르게 되면 물의 높이가 달라 보이는 것이 지극히 당연한 현상이다. 그런데 아이는 모양이 다른 이 두 병에 같은 양의 물질이 들어 있다는 사실을 어떻게 알 수 있을까?

부피의 보존

유치원(4~6세)에서 한 교사가 물을 이용하는 자유 활동을 제안한다. 큰 수조와 물, 부피(1리터)는 같지만, 형태가 서로 다른 용기, 부피($\frac{1}{2}$ 또는 $\frac{1}{4}$리터)는 다르지만, 형태가 같은 용기, 투명한 관, 깔때기 등을 아이들에게 주고 가지고 놀게 한다. 이 활동의 목적은 물을 따르고, 뜨게 하고, 채우고, 비우고, 높낮이를 비교하는 다양한 상황에 아이들을 노출시켜 실제로 관찰을 하게끔 하는 데 있다.

수업은 조를 짜서 하되 교사는 감독하지 않고 아이 혼자 이 용기에서 저 용기로 물을 따라 보며 놀게 한다. 얼마 지나지 않아 아이는 물이 채워진 부피가 같은 원뿔형과 원통형의 플라스크를 가지고 와서 "선생님, 똑같아요!"라고 소리친다. 얼핏 봐서는 아이가 실수로 말한 것이라 생각하게 된다. 물질의 부피가 서로 같다는 개념은 좀 더 나이를 먹어 7살 정도에나 배우게 되기 때문이다. 이때 교사는 아이 말을 무시하지 않고 "어째서 그럴까?"라고 되묻는다.

그러면 아이는 수조가 있는 데로 교사를 데리고 가서 한 플라스크의 물을 다른 플라스크에 따르고서 다시 한번 "똑같아요!"라고 소리친다. 나이에 비해 조숙한 아이의 이해력과 관찰력에 놀라서 교사는 아이를 격려하며 말한다. "두 플라스크가 같은 양의 물을 담아내는구나. 다시 한번 해 보자!" 아이는 몇 차례 실험을 반복하며 벅차오르는 기쁨을 감추지 못한다.

어른들에게는 이 이야기가 그리 대단해 보이지 않을지 모른다. 그러나 아이는 이날 자신이 한 엄청난 발견을 오랜 시간이 지나도록 기억할 것이다. 아이들은 이런 식으로 어른들을 놀라게 할 수 있다. 그러므로 무엇보다 아이의 호기심을 자극하고, 스스로 해보게 하고, 이야기해 보도록 해주는 것이 중요하다. 아이들은 행위, 즉 사회적 또는 물질적 환경 속에서 이루어지는 구체적 행동을 통해 성장한다. 아이는 자신의 행위와 행위로부터 얻어낸 답을 통해 무엇을 진정 배우게 되는 것이다. 어쩌면 상식처럼 보이기도 하는 이러한 주장들은 학습이란 무엇인지를 연구하는 이들이 공유하고 있는 믿음이기도 하다.

도움을 받아 이루어가는 발견

일상생활에서 아이는 주변의 물건들을 사용하며 친근함을 갖게 되고 이러저러한 상황을 겪게 된다. 외부로부터 주어졌든 스스로 구성해 낸 것이든 흘러들어오는 수많은 정보를 일관성 있게 만들어가기 위해서는 결국 자기 자신에게 의지하는 시간이 제일 많다. 초등학교에서 자연과학을 실제로 접하게 해주는 것은 아이의 성장 과정에서 물질세계(현실)를 이해하는 방식을 깨우치도록 도와주는 더할 나위 없이 좋은 기회이다. 아이는 물질세계에는 물어볼 것과 알아볼 것이 너무나도 많다는 사실을 깨닫게 된다. 아이는 수동적인 관찰자에서 능동적인 참여자가 되는 것이다. 아이는 자신의 행위를 통해 현실 세계에 구체적인 형상을 부여하게 된다. 즉 자신이 갖고 있는 의문에 대한 답을 얻기 위하여 나름의 절차와 경험을 구성해 나간다. 유치원과 초등학교에서 아이는 병에 물을 따르고 그 물의 높이를 관찰해보고, 다른 물질들을 얼리거나 가열해보기도 하고, 회로를 꾸며서 전선을 이어 보고 거기에 전구를 끼워 불이 들어오는지를 알아보고, 식물이나 동물의 호흡에 대해 조사해보고, 운동장에서 그림자의 길이와 위치가 변하는 것 등을 알아보기도 한다.

이 모든 상황을 통해 아이는 새로운 관찰이나 경험을 통해 답을 찾을 수 있게 해주는 좋은 질문을 하는 법을 깨우치게 된다. 이로써 아이는 현실 세상과 일종의 관계를 형성하게 되고, 그 안에서 어떤 지식의 행위자가 되는 것이다. 세상에 과학적으로 접근하는 태도는 반드시 필요한 것이긴 하지만 유일한 방법은 물론 아니다. 예술적 접근도 세상과 자기 자신을 이해하는 또 다른 방식이 될 수 있을 것이다.

노트, 경험의 기록장

아이의 성장은 일정한 시간과 리듬을 따르고 있기에 이를 존중할 필요가 있다. 똑같은 경험이나 관찰도 아이마다 경험하고 보고 이해하는 방식이 다르다. 아이가 날마다 그리고 매년 자신의 발견이나 결과물, 자신의 해석을 기록할 수 있는 노트는 연속성을 지켜주는 좋은 도구가 된다. 아이는 노트에다 쓰고 그림을 그리고 표를 만들어 자신의 생각을 표현할 수 있다. 또한, 노트를 다시 들추어 읽어 봄으로써 실험의 진행 과정을 알 수 있고, 비판적 시각을 가질 수도 있으며, 다른 사람들과 의견을 교환할 수도 있고, 때로는 어째서 보다 엄정해져야 하는지도 이해할 수 있게 된다. 노트는 또한 그룹의 다른 사람들과 소통하는 수단이며 교사를 위한 도구이기도 하다. 교사는 노트를 보고 아이의 성장 리듬을 알 수 있고 거기에 적절히 맞추어 줄 수가 있다. 교사는 새로운 상황을 미리 준비할 수 있고, 어떤 결과를 놓고 토론과 해석을 시도하는 아이들 간의 의견 교환을 도와줄 수도 있다.

과학 활동은 여러 가지 양상으로 나타난다. 조작, 질문, 모색 및 시행착오, 관찰, 표현, 소통, 검증은 물론 분석과 종합, 상상과 외경까지 여러 가지 양태를 띠게 된다. 이를 통해 아이는 자신의 삶에 초석이 될 기본적인 지식뿐만 아니라 다양한 역량을 구축해 나간다.

우리는 여기서 과학, 과학의 실행 방법, 과학의 풍요로움의 몇몇 특성을 간략히 살펴보았다. 과학적 행위는 고도로 발달한 사회에서 아이가 자라고 살아가는데 필수적인 지식의 주춧돌이다. 이는 단지 기술자나 연구자가 되기 위해서가 아니라, 과학적 행위가 시간과 공간에 대한 아이의 인식을 돕고 그 안에서 자신의 위치를 자각하도록 도와주기 때문이다. 또한, 과학적 행위는 물질에 대한 이해를 돕고 현실에서 일어나는 저항들을 잘 다루어, 환상을 없애주고 효율적으로 대처할 수 있도록 해주기 때문이다. 뿐만 아니라 과학은 지성을 키워주는 동시에 인간의 행위 및 발견에 수반되는 윤리, 정의, 도덕에 대해서 성찰하게 해준다. 또한, 과학 기술 사회의 고유한 언어에 대한 최소한의 이해가 없다면 과학 기술의 세상은 모호하고 불투명하게 보일 것이며, 그 안에서 정치적 혹은 비이성적인 일탈이 만행하게 될 것이다. 또한, 과학의 잠재력과 한계를 올바로 인식할 때 인간을 다른 차원, 특히 정신적 차원으로까지 끌어 올릴 수 있는 반면, 과학이 배격되거나 잘못 이해되면 그로 인해 전체주의 또는 파벌주의의 망령이 살아날 수 있기 때문이다.

만져보고 이해하라

'라맹알라파트'는 부담되거나 값비싼 재료를 필요로 하지 않는다.
일상에서 사용하는 물건이나 재활용품만으로도 충분하다.
여기서 우리가 행하는 실험들은 소박하고
특별히 어려운 기술이나 지식을 요하지 않는다.

화산, 화석, 물의 상태, 전기 회로, 태양계, 동식물의 번식, 생존 환경 등 정규 교육과정에 제시된 주제를 '라맹알라파트'식으로 접근하자면 재료를 구하는 데 어려움이 클 것으로 보인다. 그러나 좀 더 들여다보면, 최소한의 투자와 재활용품만으로도 이러한 관찰과 실험을 충분히 할 수 있음을 알 수 있다.

일상용품

가정에서 사용하지 않는 새장은 쥐나 햄스터, 기니피그, 새 같은 동물을 키우는데 이용할 수 있다. 수족관에다가 자갈을 깔고 그 위에 흙을 덮고 널빤지나 낡은 선반 또는 골진 마분지로 덮으면, 운동장 구석, 체육관, 등굣길 또는 엄마 아빠와 함께 하는 주일 산책로에서 볼 수 있는 곤충, 지렁이, 달팽이를 키울 수 있는 사육장이 된다.

또한, 고무와 헝겊 조각으로 막은 플라스틱병 바닥에서는 애벌레를 키울 수도 있다. 자신의 하숙생이 된 벌레에게 자연스러운 환경을 만들어 주고, 또 제대로 키우기 위해 자료를 찾아보는 일들이 아이들에게는 너무나 즐겁다.

동식물을 사육해 보면 여러 가지 의문에 대한 답을 얻을 수 있다. 동물들은 어떻게 움직일까? 어떻게 점프를 할까? 어떻게 다리를 접을까? 아이들은 자신이 움직이는 방식과 그들의 방식을 어떻게 비교할까? 동물들은 어떻게 먹을까? 이빨은 서로 같을까 다를까? 숨은 어떻게 쉴까?

간단한 실험을 직접 해 볼 수 있다. 갓 해동한 개구리 뒷다리를 해부하여 근육과 힘줄, 인대의 역할을 알아볼 수 있다. 팔이나 다리의 모형을 이용하면 서로 반대되는 역할을 하는 근육들의 역할과 힘줄과 인대가 연결된 정확한 위치도 잘 알 수가 있다. 얼음과 풍선으로 호흡측정기도 만들 수 있다. 아이들은 어항, 새장, 우리와 같은 데서 알이나 엄마의 태에서 나오는 새끼를 볼 수도 있고 동물의 행태(포식, 도주, 모성애…)를 지켜볼 수 있다.

아이들 입장에서는, 슈퍼마켓에서 나오는 스티로폼 용기나 바닥에 구멍을 뚫은 플라스틱 병이 식물을 키우는데 더없이 좋은 도구이다. 아이들은 네 가지 변수 즉 물, 흙, 빛, 온도를 조절하면서 식물이 필요로 하는 것을 알아볼 수 있다. 아이들은 관찰 결과에 대해 토론하면서 의미 있는 결과를 얻기 위해서는 한 번에 한 가지 변수만 변화시켜야 한다는 사실을 스스로 깨닫게 된다.

새로운 의문이 생겨나기도 한다. 어떻게 솜이나 신문지 또는 플라스틱 조각에서도 흙에서처럼 싹이 잘 나올까? 대체 씨앗 속에는 무엇이 들었을까? 새순을 심어보면? 떡잎은? 파종할 때 씨가 자리 잡는 위치가 중요할까? 뿌리가 밖으로 나오면 싹이 나오기 어려울까? 식물은 흙을 먹는 걸까(아이들이 자주 하는 질문이다)? 비료는 왜 줄까?

여기에 더해, 약간의 준비만 하면 답을 알아볼 수 있다. 물에 젖은 두 개의 유리판이나 로도이드판에 각각 씨앗의 자세를 달리해서 싹을 틔워보면 식물의 지향성이라는 현상을 관찰할 수 있다. 활엽수 숲속에 뭉쳐진 짚더미 속에서 아이들은 분해자들의 존재를 볼 수 있고 물질의 순환에 대해서 알 수 있다. 학교는 아이들에게 담이나 울타리, 나무 등 여러 생활 주변의 환경을 찾아서 탐구에 이용하게 할 수 있다. 동식물들을 키워 보는 것은 순환, 수명, 먹이사슬, 자연의 평형 같은 가장 기본이 되는 개념을 이해하는데 아주 좋은 방법이 된다.

도처에서 볼 수 있듯이, 유리처럼 투명한 빈 플라스틱 어항, 잼병, 약간의 흙과 모래, (밀봉하기 위한) 반죽, 안 쓰는 냄비, 판, 휴대용 가스버너, 집에서 쓰는 온도계, 비등점까지 올라가는 한두 개의 온도계, 플라스틱병, (자르고 물에 띄우고 할) 스티로폼, 클립, 못, 고무 등등 주변 환경에서 손쉽게 얻는 물건들로 작고 간단하지만 꽉 찬 실험실의 기초를 만들 수 있다. 실험이 점점 진행되어 감에 따라 아이들은 실험에 필요한 전지나 전구, 손전등, 초 등을 자발적으로 가져오기도 한다.

해볼 수 있는 간단한 실험

'라맹알라파트'라 부르는 이 프로그램의 특징은 교사가 정해진 가설로 유도하지 않고, 아이가 찾고자 하는 바에 따라 아이 자신이 직접 실험 방식을 구상해 보도록 하는 데 있다. 선생님은 재료를 준비할 때나 결과를 놓고 토론할 때, 아이들이 직접 그림을 그려보게 하거나 실험 장치를 도식화해 보도록 유도한다. 아이들은 실험에 뒤따르는 토의와 토론을 통해 더욱 논리적이고 확실해지며 자연스럽게 과학적 접근 방식을 이해하게 된다. 실험이 진행됨에 따라 무엇이 실제인지 드러나고 전제는 깨어지기 마련이다.

화산은 어떻게 폭발하는 걸까? 냄비 바닥에 세 숟가락의 딸기 잼을 넣고 그 위에 퓌레를 두껍게 깔아 조심스레 끓이면 화산처럼 분출한다. 이것을 냉장고에 넣어 두었다가 다음 날 잘라

보면 화산의 내부 구조와 같은 단면을 볼 수 있다.

동물은 어떻게 화석이 될까? 어항에 흙을 깐 널빤지와 홍합이나 굴 껍데기를 넣고 비 대신에 물을 주면 껍질에서 흙이 이동하며 퇴적되는 것을 볼 수 있다. 수분이 증발하고 마른 다음 마른 흙을 깨뜨리면 화석과 겉모습을 볼 수 있다. 화석은 잠시 그 자리에 머물렀던 동물의 흔적 그 이상이 되며, 이로부터 지질학적 시대에 관한 토론이 자연스레 이어진다.

광대한 태양계를 이해하기 위해서는 종이를 뭉쳐 행성을 만들어 교실에 순서대로 실로 매달아 두면 된다.

물론 이렇게 만들어 본 화산이나 화석 그리고 태양계 등은 단지 모형일 뿐이고, 다른 모형들과 마찬가지로 도움이 되기도 하지만 오류도 있을 수 있다. 따라서 아이들이 모형을 곧이곧대로 받아들이지 않도록 유념해야 할 것이다.

아이에게 필요한 시간 주기

물론 이러한 체험 학습에는 지도안이나 교과서로 공부하는 것보다 더 많은 시간이 소요되지만, 아이들이 진정 이해하고 깨치는 데에는 시간이 필요함을 알아야 한다. 교사를 믿고 따르지만, 선생님 말씀이 아이의 선험적 사유 체계(*a priori*)를 지울 수 없다. 그만큼 선험적 요소는 이미 자리를 잡고 있는 것이다. 심지어 선생님의 말씀과 모순이 되더라도 사라지지 않으며, 아이는 자신만의 방법으로 일관성 있는 논리를 만들어간다. 결국 현실에서 부딪혀보는 것만이 사물에 대한 인식의 깊이를 더하여 자신이 가지고 있는 개념의 진화를 가능하게 해준다.

한편 이러한 과학 활동은 왜 읽어야 하며, 왜 써야 하며, 왜 문법, 철자, 동사 변화, 글의 균형 등을 배워야 하는지 깨닫게 해준다. 어떠한 실험을 왜 그리고 어떻게 수행해 나갈지 설명하고, 실험의 결과를 잊지 않고 다른 사람과 나누기 위해 기록해 두자면 언어를 잘 구사할 필요가 있다. 즉 바닷가로 소풍가 놀면서 한 야외 과학 활동을 학교 신문에 기고하려면, 이야기의 구조에 대해서도 잘 알아야 한다. 아이는 왜 사람들이 다양한 글을 읽고, 비교를 통해 글의 구조를 파악하고, 문단과 연결사(우선, 다음, 이어서, 그러면, 마침내…)의 사용을 강조하는지 비로소 더 잘 이해하게 된다. 그러므로 과학 교육은 아이의 지식, 수행능력, 예의 바른 태도를 총체적으로 형성해 나가는데 기여한다. 결국, 이 방식을 하느라 '잃어버린' 시간이 아니라 오히려 시간을 벌게 되는 셈이다.

교실은 하나의 실험실인가?

아이들을 '라맹알라파트'의 세계로 초대하면 교실은 작은 실험실의 모양새를 띠게 된다. 그런데 일반 과학적 탐구와 초등학생들이 고안하고 실행하는 소박한 실험들을 과연 어떤 식으로 연관 지을 수 있을까?

지난 20여 년간 다수의 사회학자와 과학사가들이 다양한 실험실 연구자의 일상 활동을 연구하여 그 세계의 추상성과 신비주의를 덜어주었다. 과학 연구 상호 간의 유기적 연계를 가져다준 장치(도구, 기록물, 실험실…)를 살펴보고 실험실의 문화적 측면을 탐구했다. 사회학자와 과학사가들의 연구 결과는 과학이 '만들어내는 것'은 하나의 이론적 성찰 활동으로 축소되는 것이 아니며, 과학의 '인위적인 생산'은 이론적 성찰 활동으로 귀결되지 않고 오히려 그 효율성은 성격이 서로 다른 자원들, 예컨대 설문 양식, 시각화 및 측정 도구, 명료한 지식과 그것의 실행, 계산 및 분석 방법 등을 동원하여 조합하는 기술에 있다는 사실을 보여주고 있다. 이러한 행위들의 교차를 통해 연구자들은 '자연이 말하게 하라'를 공감하게 된다. 자연 세계와의 교감과 참여 없이 지식의 창출은 불가능하다. '참여하여 발견하는 것'은 따라서 '라맹알라파트'의 '만져보고 이해하기'를 위한 실험자의 슬로건이 될 수 있다.

과학사학자들과 사회학자들의 이러한 연구는 실험의 토양을 제공하는 여러 가지 기술과 암묵적 지식에 주목하게 한다. 실행능력과 관찰 감각, 물질을 다루는 역량, 노하우, 나아가 제작능력에 이르기까지 모두 한몫을 한다. 이러한 것들은 실험 방법의 구상과 실현, 실험 전개 시의 관리, 도구의 복사와 결과의 분석 등에 필수적이다.

과학 실험실은 이러한 여러 가지 사항들이 만나는 교차로이다. 즉 자연 현상을 끄집어내고 포착하기 위한 기발한 체험을 구상하고 도구들을 만들어 배치하고 거기에서 나오는 흔적들을 체계적으로 기록, 등록하고, 얻어진 결과들의 의미와 범위에 대해 능동적으로 토론하는 일 등.

지금까지 언급한 것은 현장에서 과학 수업을 실행하는 초등학교 교사들이 우리에게 해주는 이야기와 별반 다르지 않다. 물론 학교에는 일반적으로 태양계를 관측할 만한 망원경도 없고, 미시세계의 비밀을 포착할 만한 현미경도 없으며, 아이들이 지금껏 아무도 몰랐던 물질의 성질을 밝혀내리라고 기대하지도 않는다.

우리가 어디로 갈지 모르는 와중에서도, 아이는 예상과는 다른 곳에 닿게 되는 위험이 있을지라도 더듬더듬 앞으로 나아간다. 그러나 여기서 중요한 것은 아이가 현실 세계를 이해하는 데 도움이 되는 수많은 작업을 지휘해 나갈 수 있는 능력이다. 아이는 자신의 수준에 따라, 교실에서 구할 수 있는 수단을 동원하여 연구자들이 하는 일상적인 탐구 자세, 즉 수집, 분류, 명명, 구상과 구성, 관찰과 기록, 자료 수집과 활용, 본 것을 도표화 하기, 단순화한 모델 만들기, 새로운 실험을 위한 문제 제기 등을 실제로 해낸다.

실제 속으로 들어가라

과학 교육은 아이가 직접 현실 속으로 들어가서 탐구하고
또 부딪혀보는 것이어야 한다.
머지않아 성인이 될 아이에게 필요한 적응력과 창의력을 북돋아 주고,
무수한 가상의 이미지들에 가려진 삶의 실제를 파악할 수 있도록
아이를 도와주어야 한다.

우리를 둘러싼 세상은 우리가 원하는 대로, 상상하는 대로, 꿈꾸는 대로 흘러가지 않으며, 단단한 돌덩이처럼 저항한다. 이것이 곧 우리가 현실 또는 실제라 부르는 것이다. 그렇다고 현실이 상상력의 발현을 방해하지 않는다. 실제 세상에 대한 지식은 우리의 꿈을 재도약하게 만들어 주기 때문이다.

현실을 이해한다는 것은 스크린 같은 가상 세계에서 익힌 조작 능력의 단순 전이를 조작 능력을 통해 저절로 일어나는 게 아니다. 텔레비전, 게임기, 컴퓨터 등의 화면은 아이와 사물의 세계 사이를 가로막고 있는 그만큼의 장애물이다. 아이는 초등학교 시절 자신이 본 첫인상에 갇혀 버릴 수 있다. 본질과 그렇지 못한 것을 쉽게 구분하지 못하고 어떤 상황의 구성 요소들을 분석하고 분류하는데 어려움을 느낄 수 있다.

사물이나 자연 현상과 여러 기술 등에 직접 부딪혀보고 그것을 조사하고 친숙해지며 더듬어보고 실험해 보며 어려움도 느껴보는 등의 활동을 해봄으로써 아이들은 논리적 사고를 키워 나가게 된다. (“장애물이 우리를 앞으로 나아가게 한다”는 알베르 카뮈의 말처럼) 모든 사물은 하나의 난관인 동시에 하나의 기회이다. 다시 말해 의문을 갖고 생각해 볼 기회, 답을 해 봄으로써 진정한 개념에 한층 다가갈 수 있는 기회 말이다.

과학 교육은 자연의 세계, 기술의 세계에 한층 다가가게 해준다. 아이들의 호기심과 질문을 유도해 내는 능동적 관찰을 통해서, 처음 본 대상을 형상화하고 질문을 구체화한 다음 질문의 답을 찾고 기존의 해석을 테스트해 보는 실험을 통해서, 실험을 구조화하고 결론을 도출하여 누구에게나 검증되는 세상의 객관적 지식에 이르게 해주는 이성적 사유 등을 통해서 말이다.

물론 자연과학 교육은 지식을 얻게도 해주지만 무엇보다 아이의 사회생활에 필요한 역량과 사안에 대처하는 능력을 길러주는 수단이 된다. 지난 30여 년 간 우리가 기대한 것은 가설-연역적 접근방법을 통해 아이들이 문제를 분석하고, 해결하고, 올바로 적용할 수 있는 능력을 갖추게 하는 일이었다. 우리 시대의 세상이 필요로 하는 인간상은 적응력과 창의력을 갖춘 인물이다. 더구나 오늘날 학교의 우등생들에게는 60년대보다 더욱 이러한 능력들이 요구

된다. 과학 교육은 이러한 기대에 부합할 수 있다. 처음부터 이성적 사유에 의지하게 하기 보다는, 직접 현실에 맞닥뜨리게 하고, 조기에 시도해보고 더듬어보게 함으로써, 무엇보다 어릴 때 보이다 나이가 들면서 점차 사라져가는 호기심과 경외심을 일깨워주는 방식으로 접근하는 것이 좋을 것이다.

우리 시대, 대다수의 아이들은 시각 즉 인위적 이미지로만 세상을 이해하는 위험에 직면해 있다. 직접 만져보고 느껴보는 세상의 감각과 이치를 알지 못하면 그 결과는 자못 심각할 수 있다.

현실과 이미지

오늘날의 기술(텔레비전, 컴퓨터, 게임기 등…)은 너무 어릴 때부터 아이들을 유혹한다. 좋게 보면 이런 기기들이 아이의 지식 심지어 총체적 역량과 성찰 태도를 구축해내는 작업에 관여한다고 볼 수 있다. 그러나 언제나 그런 건 아니다.

네 살에서 여섯 살 또래 아이가 이미지 조종기로 영상 게임을 할 때 무슨 일이 일어날까? 아이는 커서를 올리기 위해 올리기 버튼을, 내리기 위해 내리기 버튼을, 수평으로 움직이기 위해 오른쪽 왼쪽 버튼을 능수능란하게 조종한다. 물론 화면의 상하좌우도 기가 막히게 운전한다. 화면에서 커서가 어떻게 움직이는지 보고 커서를 사물의 전후좌우에 정확하게 갖다 댄다. 따라서 우리는 아이가 공간 속에 자신을 위치시킬 줄 알고, 방향 감각이 요구되는 '실제 상황'에 이를 적용하여 사용할 수 있을 것이라 여긴다.

실상 이 정도의 나이는 공간 지각 능력이 형성되어 가는 시기이다. 유치원 교사들은 아이가 어떤 상황에 처했을 때 그 상황을 분석하는 데 어려움을 겪는다는 사실을 알고 있다.

아이는 기기 화면에 비친 무수한 이미지를 보며 자란다. 이 부위의 명칭은 아주 그럴듯한데, 그도 그럴 것이, 실제 현실과 그것을 보는 사람 사이에 놓이는 스크린으로 존재하기 때문이다. 이 스크린을 통해 얻어진 능력은 실제 현상과 관련이 없다. 어린 아이에게 있어 이러한 능력은 가상의 세계로부터 나온 질서, 즉 진정한 습득이 아니라 잠재적인 구성에 불과하기 때문이다. 따라서 정보통신과 같은 신기술은 매우 신중하고 분별력 있게 사용되어야 할 것이다. 이러한 기술이 분명 실제 현실을 대체할 수 없기에 더욱 그러하다.

물은 몇 도에서 끓을까?

학급의 아이들은 둥근 테이블에 둘러앉아 실험을 관찰하고 관찰한 것을 그림으로 기록한다. 이를테면 냄비에 찬물과 온도계를 담그고 휴대용 가스로 데운다. 한 명이 분침이 매 분 지날 때마다 알려주면 다른 아이가 온도를 말해주고, 또 다른 아이는 온도를 표에 기록하게 한다. 실험이 시작된다. 온도는 처음에는 서서히 오르다 점차 빨라져 99°가 되어 멈춘다.

- 그 온도계는 눈금이 99까지 밖에 없어?
- 아니야, 200까지 올라가. 온도계 눈금을 맡은 아이가 답한다.

몇몇이 그 말을 확인하러 간다.

- 맞네. 아이들이 확인한다.
- 그럼 온도계가 고장 난 거네. 어디 막혔나 봐. 다른 온도계 있어요?

선생님이 아이들에게 다른 온도계를 주고 실험을 다시 시작한다. 이번에는 온도계가 101°에서 멈춘다.

- 좀 낫긴 한데 이것도 막혔어. 세 번째 온도계 있어요?

선생님이 마지막이 될 세 번째 온도계를 주고 아이들은 다시 시작한다. 이번에는 약 100°에서 멈춘다.

- 이럴 수가! 온도계마다 끓는 물에서 고장이 나버리는데!

아이들이 온도계를 자세히 살펴본다.

- 아니, 아무 일도 없어. 고장 난 게 아닌가 봐.
- 휴대용 가스 불이 시원찮아서 그런가 봐. 다른 가스로 해 보자.
- 그래? 여기 더 센 가스버너가 있어. 선생님이 말씀하신다.
- 네, 다시 해 볼게요.

이번에도 같은 결과가 나오자 아이들은 당황스러워한다.

- 전기 버너도 있어. 선생님이 제안한다.
- 네, 다시 해 볼게요!

아이들은 이유는 알 수 없지만, 끓는 물은 온도가 100° 이상(99°~101°, 교실의 온도계들이 아주 정밀하지 않으므로) 올라가지 않는다는 사실을 마침내 받아들인다. 아이들은 이 결과를 실험 그림 밑에 기록하고 모눈종이에 온도 곡선을 그린다. 실제 현실은 이처럼 논란의 여지없이 명백하게 드러나는 것이다.

모두를 위한 과학

학교 구성원이나 학급 수준은 각양각색이지만
호기심을 가지고 만져보고 이해하려는 성향은
누구나 가지고 있는 소양이다.
과학의 실천은 아동의 등교 기피에 저항하는 하나의 수단이며,
보다 나은 평등의 원천인 동시에
학교와 사회에 보다 잘 적응하게 만들어주는 출발선이다.

때로 사회 비판적 시각에서 나온 무수한 담론들이 소위 '낙후된' 환경과 평등의 진작을 위한 정책을 다루고 있다. 여기에 또 하나의 견해를 보태기보다 모름지기 과학이 모두를 위할 수 있다는 주장을 해보겠다. 다음 실제 경험을 통해 이 문제를 성찰해 보도록 하자.

발견학습의 장

고학년 학급(CM1~CM2)[9]을 맡은 선생님 한 분이 "발견학습의 장"에서 아이들과 젊은 공대생들과의 만남을 회상하며, 아이들의 학교생활에서 정작 중요한 것을 꼽고 있다.

- 스스로 행하기, 즉 재료, 도구 등 다양한 물건 조작하기, 조합하기, 제 손으로 주무르기
- 무언가 구성하기, 즉 사소하더라도 결과물이 있는 프로젝트 학습. 회전 색 바퀴, 번쩍이는 게임기, 북쪽을 가리키는 나침반과 같은 것을 만드는 체험 활동과 결과물은 그 나름의 가치가 있으며, 이들은 전기 에너지, 물질의 특성, 기계장치의 원리 등의 개념에 다가가 진정 이해하도록 해준다.
- 감정을 공유하며 의견 나누기. 첫 모색 단계부터 이해 단계까지 젊은 대학생들과 상호 소통한다.
- 다방면으로 소통하기. 즉 지역 신문, 학교 신문 등을 통해 말과 글로 다른 사람, 학생, 부모, 동료들에게 설명해준다.

한편 선생님은 아이들의 성장을 다음과 같이 확인한다.

- 말과 글로 표현할 때 주제를 벗어나거나 백지로 내지 않는다. 글의 표현 방식은 좀 서툴러도 이치에 맞게 구성되어 체계적이다.
- 지식, 사고능력, 수행능력의 습득과 대체가 복합적으로 나타난다.

---

9) 프랑스 초등학교의 이수과정은 5년을 기본으로 하고 학년별 명칭은 다음과 같다. CP, CE1, CE2, CM1, CM2(저학년부터 고학년 순).

- 그래프, 관점, 도식화 등을 자율적으로, 보다 자주 사용한다.
- 글의 시제 구성 면에서 반과거, 복합과거, 조건법, 명령법을 보다 알맞고 다채롭게 사용한다. 시간적 순서가 보다 정확하고, 그리고, 그러나, 그러므로, 그래서, 실제로 등의 연결사를 보다 잘 사용하게 된다.
- 문법의 경우, 학교 공부에 어려움을 겪는 아이들이라도 종종 문장이 서툴고 철자가 틀리기도 하지만 통사 규칙에 맞게 신경을 써서 문장을 구성한다. 일관되고 진정성 있게 쓴 글에서 병치와 열거가 이루어진 문장은 일찍이 부알로(Boileau)[10]가 간파 했듯이 "제대로 이해한 것은 명확하게 표현되고 단어도 쉽게 다가온다"는 사실을 확인할 수 있게 해준다.
- 어휘 측면에서 보자면, 사용하는 어휘가 지속해서 증가하고, 스위치, 증기, 회로, 아세톤, 도르래, 전류, 압력 등과 같은 새로운 단어들을 곧바로 사용한다.
- 글을 보다 편하게 쓰고 글쓰기의 행태도 다양해진다.
- 정량화하기는 어렵지만, 과학적 방법과 전개과정이 나타난다. 다시 말해 마지못해 확인하거나 건성으로 체크하는 태도가 줄어든다. 아이들은 점점 보다 능동적이 되고 지적 마비에서 깨어나 탐구적으로 임하게 된다. 이는 수학, 철자법, 어휘 등 다른 교과 활동에서도 확연히 드러난다.

---

10) Nicolas Boileau (1636~1711): 프랑스 시인, 비평가. 저서 *L'Art poétique*(시작법, 1674)에서 이성과 양식의 존중을 바탕으로 한 고전주의 문학 이론의 토대를 다진 문학사에서 중요한 인물이다.

- 손놀림의 경우, 배열하고, 조합하고, 고정하고, 자르고, 붙이는 활동을 해봄으로써 시각적 판단력과 추진력이 자라는데 그도 그럴 것이 손으로 하는 활동은 대체로 초등학교 첫해(CP)를 마지막으로 놓아버리기 때문이다.

추억의 앨범

아이들의 작업을 보여주는 사진과 그림으로 가득한 앨범이 있다. 페이지를 넘길 때마다 놀면서 실험하는 작은 손, 즐기며 관찰하고 이해하려 노력하는 시선, 꿈꾸는 미소가 가득하다. 사진과 그림 곳곳에 환희에 넘치는 표정이 역력하다.

지난 15년을 함께 한 아이들은 내게 활력을 주었고 그 세월을 거치며 마음속에 확신이 생겼다. 그래! 아이들의 호기심을 자아내고 가정환경, 재능, 성장배경과 관계없이 최상의 것을 드러내게 하는 데는 과학만한 것이 없다. 왜냐하면, 아이 한 명 한 명에게는 식지 않는 호기심, 진정한 앎에 대한 갈증, 불평등을 해소하려는 확고한 의지가 잠재되어 있기 때문이다. 이렇게 되면 눈과 손으로 하는 지적 활동이 지성의 실천으로까지 이를 수 있다.

추억의 다발이 무수히 반짝이는 물방울처럼 먼 기억의 심연으로부터 밀려오는데…. 시끌벅적한 벌통 같은 교실에서 아이들이 스스로 알아가며 감탄을 연발하는 모습이 떠오른다. 볕이 좋은 창가에서 유리 프리즘을 들고 아롱거리는 색채를 관찰하던 꿈 많은 아이 카롤린, 나중에는 자기 그림의 배경을 그 색들로 칠했었지. 커다란 박스 뒤에 숨어 유리 두 조각을 붙여 만든 기다란 잠망경으로 친구들을 몰래 엿보던 수줍음 많은 캉탱. 마치 중력의 법칙에 도전하듯 그 누구도 따라올 수 없는 솜씨로 자석과 금속 쪼가리로 쌓기 놀이를 하던 말수 적은 필립. 새장의 멧비둘기를 먹이려고 둔 씨앗을 싹틔우는 것을 그리 좋아하던 심약한 아이 야스미나. 언젠가 확대경을 보려는데 새끼 사슴벌레 한 마리가 괴물처럼 튀어나와 무서워 벌벌 떨던 허풍쟁이 세바스티앙.

과학은 그 아이들이 각자의 방식, 기질, 욕구, 재능에 따라 수천의 양상으로 적응하도록 해주었다. 실험을 하면서 보낸 그 시간은 아이들의 개성을 풍부하게 해주는 반면, 타인과의 관계 또한 한층 조화롭게 만들어주었다. 각자 자신의 고유한 재능을 통해서 사회에서 자신이 유일하고 누구도 자신을 대신할 수 없다는 느낌을 갖게 해주었으니 말이다.

잠수함

학교에 도통 재미를 못 붙이고 위험할 정도로 친구들에게 폭력적이었던 한 아이가 있었는데, 누구도 그 애를 맡으려 하지 않게 되자 어느 날 그 애가 나에게 왔다. 아이 부모, 아이, 나 이렇게 셋이 맺은 신뢰의 서약에 따라 그 아이는 내 반에 배정되었다. 폴의 수준은 형편없이 떨어져 수학과 국어를 아주 싫어했다. 처음에는 이 반에서 하는 과학 실험 시간에도 별로 관심을 보이지 않았다.

그런데 어느 날 이 아이가 궁금한 표정으로 질문을 했다. "잠수

함은 어떻게 떴다 가라앉았다 하나요?" 그래서 다음 수업은 이 문제를 알아보기 위한 것으로 꾸몄다. 플라스틱 병과 빨대, 점토, 클립과 물 한 냄비 등으로 우리는 리디옹(잠수 인형, 물병 속에 넣어서 병의 압력을 조절함에 따라 물속에서 오르락내리락하는 물체)을 만들었다. 리디옹은 점토를 매달고 양 끝을 클립으로 막은 빨대로 되어 있다. 물이 담긴 플라스틱 병 속에 리디옹을 물에 잠기게 넣고 뚜껑을 닫은 후, 여러 다른 조건의 실험들로 부력에 대해 알려진 사실을 확인해보려 한다. 우리 반 꼬마 연구자들이 병의 부피를 줄이려고 병을 꾹 누르면 재미있는 현상들이 나타난다.

오래지 않아 폴이 그룹 내에서 강한 주장을 펴기 시작했다. 폴은 자기가 직접 해보고 눈으로 본 것을 글로 쓰고 싶어 했다. 경험한 것들을 서툴지라도 자신의 그림으로 그려내려 했다. 최종 학년을 무사히 마치고 폴은 중학교에 갔다. 학교 가기 싫다는 말을 더는 하지 않았다. 학사 일정도 정상이었다. 물론 노벨상을 타는 일까지야 없겠지만 이제 그는 더는 학교를 두려워하지 않고 세상이 풍요로움을 품고 있다는 것을 알게 되었다. 과학 실험에 바친 시간들이 분명 그를 각성시켜, 학교에서의 성공적인 적응을 이끌어내고 머지않아 사회에의 적응을 가져다줄 것이다.

진실을 구축하라

진실에 관여하여 정확하게 이해하려는 노력은
비판과 회의로 얼룩진 우리 사회가 필요로 하는 중요한 가치이다.
자연과학은 기존의 것을 새롭게 봄으로써
끊임없이 "참"을 구성해 나가는 행위이다.
이 구성적 진실의 발견이야말로
과학을 있어야 할 바로 그 자리에 돌려놓는 일이다.

진실이란 무엇인가? 이는 회의론이 만연한 우리 사회에서 잘 하지 않는 질문으로 우리도 여기서 바로 답할 수 있다고 주장하지 않겠다. 그렇지만 우리는 아이에게 타인은 물론 자기 자신을 속이면 안 된다는 것을 가르치는 한편 깨닫도록 해준다. 이처럼 세상에는 나의 의지와 관계없이 존재하는 '참'과 '거짓'이 분명 있다. 아이는 인간에게 부과된 그 어떤 윤리에 부응하기 위해서가 아니라 자신의 생각을 구축하고 이를 올바르게 표현하며 타자와의 관계를 만들어 나가기 위해서는 진실을 존중하고 객관적인 판단을 하는 것이 필요하다는 것을 서서히 깨달아 나간다. 세상에는 오로지 참인 것과 참에 가까운 것이 있으며, 어떤 주장은 단순 의견으로 간주되고, 어떤 것은 확신으로 받아 들여 진다. 그런가 하면 또 어떤 주장은 사물의 본질에 닿아 화자와 청자 모두의 합의에 이를 수 있는 것이 있다.

진화하는 진실

현실을 이해하는데 있어서 즉 현실과의 관계 형성에 있어 자연과학은 발견하고, 때로 수학의 형식을 빌려 표현하고, 조명해보며, 일상 언어에서 빌려 왔을지라도 뜻이 명확한 단어를 사용하여 만인에게 두루 적용되는 어떤 사실에 대해 합의를 구하는 작업이다. (만유인력이라는 공식으로도 설명된 말이지만) 지구와 달이 서로 가까워질수록 그만큼 더 세게 잡아당긴다고 할 때, 생명체는 주변의 에너지를 흡수해야만 존속할 수 있다고 할 때, 이는 어제와 마찬가지로 오늘도 맞고, 중국에서든 프랑스에서든 화자가 어디에 있건 사실인 진술이다. 따라서 과학은 널리 회자되는 "저마다의 진실" 혹은 (아인슈타인이 사용한 "상대성"이라는 말을 우리가 매우 피상적으로 이해함으로써 과학 자체를 상대적인 것으로 보게 되는) "모든 것은 상대적이다"라는 말의 한계를 분명히 밝혀준다.

그렇지만 우리는 모든 과학이 진화한다는 사실을 알고 있고, 이로써 "진실을 말 한다"는 주장에 의구심을 가지게 된다. 오늘날 혈

액의 순환 또는 병의 전염 등을 묘사하는 방식은 18세기 의학과는 매 우 다르다. 뉴턴의 우주와 빅뱅의 우주 사이에는 한 세계가 가로놓여 있지 않은가. 어떻게 "진실"이 일시적으로 참일 수 있을까?

여기에 그 답이 있다. 어떤 과학적 진술을 놓고 형성된 사회적 합의는 경우에 따라 깨질 수 있는데, 우리가 아는 정도에 따라 말이 달라질 수 있기 때문이다. "물이 일정한 온도(100°C)에서 끓는다"고 할 때, 우리는 고도 즉 물에 작용하는 대기의 압력에 따라 끓는점이 달라진다는 사실이나 구성 성분 즉 물에 포함된 불순물 또는 물을 구성하는 수소나 산소의 동위원소 등에 따라 끓는점이 달라진다는 사실을 알아차리지 못한 채 그 말을 한다. 어떠한 주장이 아무리 진실일지라도, 보다 나은 진실을 위하여 그것은 수정될 수 있다. 이렇듯 더욱 정교해진 측정 도구에 의해 부단히 정제되고 넓혀진 시각에 따라 정확한 판정을 내리게 되는 과학도 마찬가지다.

무지, 거친 표현, 잘못된 추론으로 인한 그릇된 진술이 있고, 이것이 일시적인 사회적 합의를 얻기도 한다. 그러나 그로 인해 혹독한 대가를 치를지라도 결국 이러한 말은 실험이나 논쟁을 통해 가면이 벗겨지고 지위를 박탈당한 채 막을 내리게 된다. 이처럼 과학을 실천하는 행위는 겸손함을 배우는 일이기도 하다.

"이게 과학적이다"라는 추상같은 호령 이외의 어떤 주장도 영구적으로 그 가치가 고정적으로 인정될 수 없다고 한다면, 한번 인증됨으로써 진실에 다가갔다는 거만한 주장은 교조화로 흐르기 십상이다. 이와 같은 과학의 그릇된 관행은 그리 멀리 있지 않다. 이는 곧장 다른 모든 것을 부정하고 차이를 거부하는 사태를 불러오곤 했다. 구성적 진실 주변 언저리에서 바로 이러한 유약한 경계 즉 진실이 깨질 수 있다는 사실을 배움으로써 우리는 독재화된 도그마와 각 명제의 유효 범위를 잴 수 있다는 회의적 상대주의를 구분할 수 있게 된다. 이것이 관찰과 실험이라는 겸허한 행위를 통해 이루어지는 과학 교육이 가져다주는 커다란 교훈이라면, 진실이란, 의심할 여지없이 우리와 상관없이 그 자체로 존재하는 것일지라도, 하나씩 하나씩 구성되어 나가는 것일 수밖에 없다.

2부 교사

전문성 대 다면성

혼자이든 팀원이든, 초등학교 교사는 특정 교과 전문가가 아니라 아동과 함께 세상을 발견하는 교육 전문가이다.
학급 단위로 배우는 교과목을 통하여 아이는 자신의 인성과 지식을 쌓아 나가게 된다.

초등학교 교사의 자질은 다면성을 어떻게 발휘하느냐에 있다. 중고등학교에서는 국어, 수학, 역사, 물리 등 해당 과목을 담당하는 분야별 전문가인 선생님에게 배우는 반면, 초등학교에서는 선생님 한 분이 한 반을 맡아 주당 26시간 학생들을 평가하고, 교과 간 연계성을 확보하여 일관성 있는 학습이 되도록 수업을 조직하고 운영한다.

여러 가지 요인들이 결합하여 초등학교 교사의 다면성에 힘을 실어줄 수 있는데, 다음을 보자.

- 아이가 세상, 사물, 생명체에 대해 매우 통합적으로 접근한다

는 사실은 아이의 지식, 태도, 수행 능력이 형성되는 전 과정에 함께 하면서 아이의 발전과 시행착오를 점검해 주는 선생님은 같은 사람이어야 함을 시사해준다. 여러 선생님이 맡게 된다면 아이의 미묘한 발전을 어떻게 알아차릴 수 있겠는가.

- 어린 아이에게는 정서적 안정감과 이정표가 필요하다. 담임교사는 아이에게 이러한 확신을 줄 수 있다.
- 아이는 선생님이 보는 앞에서 성공하게 되면 직관적으로 특별한 존재감을 느끼게 되는데, 특히 이 선생님이 자신의 수행을 칭찬한다면 더욱 그러할 것이다. 이러한 긍정적인 관계는 아이의 조화로운 발달과 여타 활동에도 영향을 미친다.

교육 전문가

초등학교에서 교사는 그 무엇에 앞서 아이를 교육하고자 한다. 따라서 천문학, 생물, 기술 등 과학 교과의 학습이 필요하다. 긴밀하게 연관되어 상호 보완적인 이러한 교과목은 아이에게 과학을 하는 자세를 길러주며 또한 아이의 인격 형성에 도움을 준다. 그러므로 과학 교육은 없어서는 안 될 것임이 자명하다.

삶에서 출발하여 어떤 의미를 찾아가는 체험은 대부분의 교과목에 적용 가능한 학습 방식이다. 그러나 이러한 방식은 시간을 필요로 할 뿐만 아니라, 전통적 접근 방식보다 분명 더 많은 시간이 소요된다. 그런데 학교 단위의 팀은 시간 관리 문제를 논의하고 작업(연구)이 산만하게 분산되지 않도록 1년 동안 시간을 어떻게 배정할

지에 대해 숙고할 수 있다. 이러한 교육적 행보는 유치원에서의 시행착오부터 초등학교 고학년에서의 실험 방식에 이르기까지 서서히 진행된다. 즉각적 행위에서부터 구성적 태도까지, 별의별 질문에서부터 엄선된 질문을 만들어내기까지, 무형식의 관측에서부터 보다 합리적이고 구성적인 전략까지, 순간의 도취에서부터 노력과 엄격함을 갖추기까지, 마법같이 알 수 없는 끌림에서부터 진정한 앎의 기쁨에 이르기까지 아이는 점진적으로 이 과정을 통과해 나간다.

교사의 다면성은 전문성을 그저 늘어놓은 것이 아니라는 것을 알 수 있다. 라루스(*Larousse*) 사전에 의하면 다면성이란 서로 다른 경우에도 변함없이 효율적인 것이다. 다면성이란 아이의 인생과 자아의 매 순간 학습되는 각 분야와 각 개념 그리고 각 과목을 적절히 배치하는 능력이라 하겠다.

교사의 다면성, 팀의 풍요로움

교사들 또한 자연스럽게 팀을 이루어 활동하게 되는데, 이 팀은 상이한 성격의 팀원으로 이루어지기도 한다. 이렇게 되면 각자의 개성과 고유한 능력은 지키되 각자의 필요에 따른 자원들을 조금씩 주고받으며 팀을 풍요롭게 할 수 있다. 이러한 팀은 학부모나 전문가의 도움도 받을 수 있다. 과학에 관해서는 능숙한 지식과 명확한 개념을 가진 과학자들이나 해당 지역에 소재하는 기업들이 아주 유용하다. 이렇듯 다면성의 힘은 이러한 다양한 자원들을 잘 응용하고 활용하는 능력에 달려 있다.

학습 기간 내내 한 선생님이 학생들의 가족과 특별하게 교류하는 것도 중요하다. 왜냐하면, 교사의 관심에 부모의 관심이 더해질 때 자연과학은 그만큼 더 중요해지기 때문이다(97쪽 참조). 부모의 관심은 아이들이 집에 가져온 실험 노트나 성과물에 가치를 부여하게 되는데, 이로써 과학은 학교와 가족 간의 특별한 소통의 도구가 되어 학교 통합에 기여하게 된다.

그렇게 복잡하지 않아!

전문 산악인이 아니어도 산에 오를 수 있고,
전문 음악인이 아니어도 음악을 즐기듯이,
전문가가 아니어도 과학에 도전할 수 있다.

과학은 종종 우리를 두렵게 한다. 과학은 추상적이고, 전문가의 영역이고, 수학이 엉켜 있고, 한마디로 "복잡한" 데다, 이해하기는 어렵고, 그러니 배우기도 가르치기도 어렵다고들 한다. 이런 주장이 전적으로 틀린 건 아니다. 어떤 분야의 과학은 진짜 어렵고 또 정상에 오르려면 가파른 산을 하염없이 기어 올라가야 한다.

세상을 보는 단순한 시선

하지만 누가 여기서 그렇게 높이 오르는 경지를 말하겠는가? 정상에 도달하기 전에도 멋진 전망을 보여주는 오를 만한 길이 있고,

또한 동행하는 어른은 물론 길을 찾고 있는 아이도 쉽게 오를 수 있는 길이 있다. 혹 어른이 그 길을 다소 잊어버려 염려되거나, 예전과 달라진 점을 보게 되더라도, 어린 동반자 곁에서 그 길들을 재발견하는 기쁨을 누릴 수 있다.

대부분의 성인은 과학에 대해 어쩌면 자신이 공부하던 때의 기억에서 비롯되었을지 모르는 고질적 편견을 가지고 있다.

그러나 우리는 음악에서처럼 과학에 대해서도 말할 수 있을 것이다. 사실 음악보다 더 복잡한 게 있을까? 아무리 재능이 있는 사람이라도 화성과 대위법 그리고 악기에 대해서 익히는 데 몇 년이 걸린다. 그렇지만 음악은 누구에게나 열려있다. 클래식이든 대중음악이든 누구나 들을 수 있고, 혼자 또는 여럿이 몇몇 소절을 따라 부르며 기쁨을 느끼는가 하면, 조금씩 음악 본연의 특성에 친숙해지면서 서투를망정 작곡도 해 볼 수 있다.

이 "누구나"는 아마추어, 즉 말 그대로 무엇인가를 좋아하는 사람으로서 음악을 연주하거나 즐긴다. 전문가는 아닐지언정 좋아하기 때문에 때로는 아주 어린 나이에 음악에 빠져 기쁨을 맛보고 성공을 거두는 경우도 있다.

과학이 초보자가 음악을 즐기는 것이나 산책을 하는 것과 무엇이 다를까?

세상에 대한 일차적 묘사는 수식도 복잡한 말도 난해한 공식도 필요로 하지 않는다. 아이에게는 호기심, 관찰력, 감각의 예리함이, 선생님에게는 질문을 이끌어내고 토론을 유도하는 능력이 요구될 뿐이다.

이를테면, 아이에게 벽에 귀를 대고 소리의 메아리를 듣게 하면서, 또는 코르크 마개를 물에 띄워 물결의 움직임을 관찰하게 하고 파동의 일반적 개념을 도출해낸다.

가볍게 열을 가한 기름에서 만들어지는 유체의 움직임인 "물결"을 보여주면서 지구의 기후에 대한 관심을 끌어낸다.

종이 지도에서 아프리카 대륙과 남아메리카 대륙을 차례로 잘라보게 하면서 생성 초기 두 대륙의 결합 흔적을 찾아보게 한다.

측면에 구멍이 난 병의 한쪽을 촛불로 데워 구멍에서 분사되는 증기의 힘으로 나아가는 "움직이는 배"를 만들어 보게 한다.

건전지, 전구, 금속선으로 된 회로를 연결해 보고 거기에 자갈, 분필, 못, 소금물 방울, 기름방울, 나무 조각 등의 여러 물체를 끼워보고 전기를 잘 통하는 물질과 그렇지 않은 물질을 구별해 보게 한다.

금속 막대로 로베르발 저울을 만들어서 공기 중의 물체의 무게와 물속에 있을 때의 물체의 무게를 재보게 한다.

지구본을 이용해서 태양의 시운동을 알아보고 지구의 자전 방향을 알아보게 한다.

물에 소금이나 설탕을 녹여서 확대경이나 현미경 밑에 있는 작은 그릇에 그 용액을 넣고 데웠다가 냉각시키면서 액체 속에 고체 결정이 형성되는 것을 관찰하게 한다.

이러한 실험들은 "복잡한" 과학을 실행한 게 아니다. 그렇지만 놀랍게도 하나하나 우리 시대의 주요 연구 주제를 향해 열려있는 실험들이다.

물로 하는 간단한 실험들

예컨대 물은 여러 가지 의미를 간단한 실험으로 관찰할 수 있게 해주는 마르지 않는 샘이다. 우리는 일상에서 실로 다양한 형태의 물을 만난다. 내리는 비, 흐르는 수돗물, 압력솥에서 뿜어 나오는 수증기, 찬 유리에 서린 김, 냉장고 속의 성에, 컵 속의 얼음 등등

물은 또한 우리에게 친숙한 또 다른 현상들과 관련되어 있다. 물은 젖었다가 수증기가 되어 날아간다. 물은 소금과 설탕을 녹이고, 물감을 희석하며, 스펀지 같은 모세관을 타고 오른다. 물은 세제를 넣으면 세탁도 해주고, 기포도 만들며 뿜어져 나오기도 하고, 무엇을 닳게 하고, 어떤 물질은 떠오르게 하고, 열을 전도하기도 하고, 소금을 녹이면 전기도 통하게 한다. 소리도 전파하고 때로 파괴적이며 어마어마한 에너지를 저장할 수도 있다.

물은 모든 생명체와 마찬가지로 사람 몸의 대부분을 차지하며 없어서는 안 되는 것이다. 태양계의 행성 중 유일하게 지구에만 물이 액체 형태로 존재한다는 사실을 잊지 말자. 태양에 더 가까우면 수증기로만 남을 것이고 더 멀리 있으면 영원히 얼음으로 남을 것이다. 우리 삶은 바로 이러한 환경 덕분에 유지되고 있다.

눈으로 보는 공기

우리를 둘러싸고 있는 공기의 존재를 재미있는 방법으로 확인해 보는 것도 "아이들 놀이"처럼 간단하다. 간단한 몇몇 재료로도 쉽게

할 수 있으면서 상당히 의미 있는 두 가지 실험이 있다. 준비물은 잉크를 살짝 풀어 물을 채운 어항, 투명한 플라스틱 컵, 종이 티슈, (스티로폼 같은) 물에 뜨는 물체 위에 고정한 생일 양초, 잼 병.

첫 단계로, 티슈를 플라스틱 잔 안쪽 바닥에 붙이고 컵을 뒤집어 물속에 수직으로 천천히 완전히 담갔다 다시 꺼내보라. 믿을 수 없는 결과를 보게 될 것이다.

- 티슈가 젖지 않은 채 그대로지! 왜 그럴까?
- 물이 컵 안으로 올라오지 않았네요!
- 그래, 우리 모두 그걸 확인했어, 근데 왜 그럴까?
- 아마도 어떤 물질이 물이 들어오는 걸 방해한 것 같아요.
- 맞아…. 그런데 너희는 그게 보여?
- 아뇨…. 거 참 이상하네요!
- 그렇다면 어떤 안 보이는 물질이…. 잠깐, 그게 뭔지 보이도록 해줄게.
- 마술인가요?
- 그럴 리가! 이번에는 너희가 와서 직접 해 봐!

안쪽에 종이 티슈가 있는 컵을 다시 물속에 넣는데 이번에는 약간 기울여서 한다.

- 잘 봐!
- 뽀글뽀글! 기포다!
- 맞았어, 컵 속에 공기가 있는 거야. 안에 든 공기 때문에 물이 컵 안으로 올라오지 못한 거야. 이번에는 공기를 없애볼게.
- 물이 올라와요. 그렇지, 이제 티슈가 젖겠네요!

티슈가 어항 바닥으로 떨어지자 아이들은 깔깔대며 박수를 친다.

이번에는 물 위에 뜨는 물체 위에다 초를 꽂는 실험을 해 보자. 초를 켜고 물 위에 조심스럽게 내려놓은 다음 병을 뒤집어 초를 덮은 다음 물속에 천천히 담근다. 스티로폼 같은 뜨는 물체를 병을 씌운 양초와 함께 천천히 물속으로 내린다. 아이들이 비명을 내지르며 다시 환호한다.

- 촛불이 물속으로 들어가지!
- 그래도 불이 꺼지지 않네요!
- 물론이지, 병 속에 든 공기 때문에 촛불이 젖지 않은 거야!

이 실험은 너무 길어지면 안 된다. 왜냐하면, 좀 지나면 산소가 부족해져 초가 꺼져버리기 때문이다. 이 현상은 또 하나의 새로운 연구 주제를 열어준다.

오늘날의 과학은 매우 복잡해 보이며 보이지 않거나 멀리 떨어진 물체나 현상을 다룬다. 소립자, 원자와 분자, 유전자와 바이러스, 뉴런(신경 세포), 집적 회로, 성운이나 빅뱅. 각종 미디어가 종종 - 왜곡된 색깔의 이미지와 사진들로 - 깨끗하고 아름다운 묘사를 보여주곤 한다. 하지만 이들에 다가갈 수 없겠다는 생각이 들며 간단한 실험을 통해 알아보려는 의욕도 사라지고, 이들이 구체적으로 존재하는 실재일까 하는 의구심을 불러일으키기도 한다. 학교에서 과학의 실천은 이러한 보이지 않는 발견에 숨어 있는 경이로움을 놓치지 않으면서도, 그 과정에서 접근 가능하면서도 유의미한 "과학적 질문"을 발견하기 위해 주변을 돌아볼 필요가 있다.

내가 모를 땐?

과학 교과 전문가가 아니어도 아이의 세상 탐구에 동행할 수 있다.
이를 위해서는 합당한 수련과정과 도구가 필요하다.

청년 아인슈타인은 지난 3세기에 걸쳐 과학자들이 숙고해 온 문제, 즉 어디에나 존재하는 현상인 중력에 대해 의문을 품었다. 어느 날, 아인슈타인은 케이블이 끊어진 승강기에서 떨어지는 장면을 상상하는데, 이 상상은 인간 지성의 가장 위대한 발견의 하나인 자유낙하 시 중력이 사라지는 사실이 탄생하는 계기가 되었다. 이는 곧 질문, 특히 천진난만한 질문이 얼마나 놀라운 힘을 발휘하는지를 보여주는 사례다. 의문을 품거나 놀란 눈으로 세상을 보는 능력은 과학적 발견의 필요조건이다. 새로운 발견은 또한 순진무구함에서 솟아난다. 하늘은 왜 밤이 되면 어두워질까? 나비의 날개나 비눗방울은 왜 색을 띠는 걸까? 태양은 왜 불이 꺼지지 않을까? 달과 지구는 왜 항상 일정한 거리를 유지하고 있을까? 아이는 왜 자기 부모를 닮을까? 과학적 발견의 역사는 이런 단순한 질문으로 점철되어 있다. 무엇을 발견하는 사람은 모름지기 자신의 무지를 인정하고, 기존의 답을 고수하지 않으며, 자신이 보고 만지는 세상이 주는 놀라움에 항상 열려있는 사람이다.

그렇지만 이와는 다른 방식으로 전개되는 교육도 있다. 여기서 교사는 지식을 나누어주는 일을 맡고, 아이는 자신은 하지 못했을 질문에 대한 답을 받아 적으며 학습하는 존재이다. 여기서는 선생님과 학생의 역할이 각각 잘 정의되어 있다. 과학의 복잡함과 과학 용어의 어려움으로 인해 과학 교육을 전문가 한 사람에게 맡기는 것처럼 보인다. 초등학교에서 이러한 교육 행태를 바꿔 볼 수는 없을까?

아이들과 답을 찾기

이러한 관점에서 보자면, 초등학교에서의 과학 교육은 완성된 지식을 전달하기보다 아이들로 하여금 스스로 질문을 찾고 가정을 세워 모델을 만들어 보도록 하는 동시에, 교사가 이 작업에 동참할 수 있어야 한다. 시간만 있다면 제자들의 질문에 고무된 선생의 호기심이 참신한 생각을 바로바로 표현하는 아이의 호기심과 만날 수 있기 때문이다. 답을 알 수 없는 질문을 맞닥뜨리면, 선생은 웃으면서 “나도 모르겠는데”, “우리 같이 답을 찾아보자”라는 말로 응수하면 된다. 미지의 땅에 대한 근심을 순간 잊어버리고, 선생은 제자들과 함께 모색하면서 호기심을 자극하여 발견의 기쁨을 함께할 수 있다.

이러한 전략에서 교사는 세 가지 자질을 갖추어야 한다. 의욕, 사유능력, 학습능력이 바로 그것이다. 먼저, 의욕이 있어야 한다. 아이가 무엇을 찾아내어 이해하도록 이끄는 일은 교육 활동의 주요 덕목이다. 가정이 아이에게 세상을 열어주는 일을 하지 못할 때 더욱더 그러하다. 다음으로, 사유능력이 필요하다. 교사가 받은 엄정한 지적 수련과정이 아이의 성장 과정에 동행할 수 있는 능력을 보장할 수 있을 것이다. 마지막으로, 교사의 학습능력이 필요하다. 왜냐하면, 과학 교과에 대한 기억이 오래되어 희미할지라도 교사는 폭넓은 독서를 할 수 있고 아이보다 빨리 이해할 수 있기 때문이다. 결국, 이러저러한 과학의 전문가가 아니어도, 문제의 답 또는 답 전체를 알지 못해도 아이의 질문에 동행할 수 있음을 알게 된다.

물시계

종종 교사는 아이들이 이끄는 낯선 길목에서 불시에 자신이 모르는 질문을 받을까 두려워서 주어진 교육과정의 틀에서 벗어나기를 주저한다. 그러나 그게 그렇게 두려워할 일은 아니다. 교사가 아이들 곁에서 동행하며 함께 탐구하는 자세를 보여주는 일례가 여기 있다.

유치원 교실에서 대여섯 살 먹은 아이들이 플라스틱병과 그 밖의 재료들로 여러 종류의 시계를 만들고 있다. 아이들은 이리저리 궁리해 보며 물이 서서히 규칙적으로 흐르게 하는 방법을 찾고 있다. 한 아이가 흐름을 잘 맞추어 물이 서서히 규칙적으로 똑똑 떨어지는 물시계를 만들자고 제안한다.

아이는 코르크 마개를 가진 병 두 개를 준비하여, 송곳으로 병마개 한가운데 구멍을 뚫은 다음 물이 새지 않도록 접착테이프로 감는다. 다른 병에 물을 채운 다음 코르크 마개의 주둥이가 서로 마주 보게 두 병을 연결한 다음 이 시계를 뒤집는다. "앗"하는 탄성이 들리는가 싶더니 이도 잠깐이다. 물이 흐르다 바로 멈춰 버렸기 때문이다.

- 선생님 구멍이 막혔나 봐요!

실험 물체를 분해해 보니 구멍은 막히지 않았고 아무 일도 없다. 아쉬운 마음으로 아이는 시계를 다시 조립하고 뒤집어서 흔든다. 위쪽 병에 기포가 들어가며 잠깐 물이 내려오는 것으로 만족해야 한다.

- 네가 만든 시계, 꽝이잖아. 사용할 수도 없고. 옆에서 다른 아이가 비웃는다.

교사는 문제가 단순하지 않다는 사실을 알고 아이를 낙담시키지 않으려 애쓴다. 희미한 옛 기억을 더듬어 진공과 대기압의 개념을 떠올리며 위쪽 병에 공기가 들어가게 하면 문제가 해결될 것이라 추론한다. 이에 대한 장황한 설명은 아이들의 수준을 넘기 때문에 문제 해결을 위한 간단한 그림으로 설명을 대신한다.

- 내 생각엔, 위쪽 병에서 내려가는 물만큼 공기가 그만큼을 대신 채워줘야 할 텐데. 어떡하면 좋을까?

- 맨 위에 구멍만 뚫으면 돼요. 물이 없어진 곳에요.

- 하지만 구멍이 너무 크면 반대 방향으로 뒤집을 수 없어요.

- 글쎄, 경우에 따라 다를 거야. 시험 삼아 조그만 구멍을 내 보고 나중에 접착테이프로 막든지 병을 바꾸어 보자.

딱딱하고 미끄러운 플라스틱에 구멍을 내는 일은 새로운 난제이다. 조심스레 작업해야 하고 만일 망치로 내려친 못이 병의 바닥이나 측면에 금이 가게 해 병이 깨지게 되면 난리가 난다. 물난리….

- 좋아 오늘은 여기까지만 하자. 부모님께 어떻게 하면 플라스틱병에 구멍을 쉽게 낼 수 있는지 여쭤보겠니?

다음 날.

- 선생님! 우리 아빠가 그러는데, 아주 뜨겁고 뾰족한 것으로 하면 플라스틱이 녹아서 구멍을 낼 수 있대요.

- 아 그 방법을 왜 생각 못 했지?

아이들이 다시 모여 숨을 죽이고 바라본다. 생일 케이크에 쓰이는 촛불로 뜨거워진 송곳이 병 바닥에 구멍을 낸다. 쪼르르 소리가 나면서 어린 아이들은 놀라며 물이 다시 흐르는 것을 본다. 아이는 기뻐하지만, 그 승리는 이번에도 잠깐이다. 이상하게도 물의 흐름이 다시 느려지면서 아예 멈춰버린다. 다들 망연자실해한다.

- 아, 또 안 되네, 고장이야!

- 좋아, 얘들아, 내일모레 다시 하자.

근처에 있는 중학교 과학 선생님께 전화해서 해결책을 알아낸다. 아래쪽 병 속으로 물이 내려와 공기가 압축되어 물 흐름을 막는 저항이 생겨난 것이다. 아래쪽 병 맨 위에도 구멍을 내어 공기가 빠져나가게 하면 된다. 그런데 금세 물 흐름이 미세하긴 하지만 분명히 다시 느려진다. 위쪽 병 물기둥의 압력이 차차 낮아지기 때문이다. 그러면 이 문제를 어떻게 해결할 수 있을까? 도서관에 가 보자.

- 옛날에 쓰던 물시계 그림이 나오는 책이 있을 거야. 아주 오래전에 사람들이 물시계라 부르던 거야.

궁금증과 좌절을 느끼면서 물시계에 대해서는 이런 정도로 설명을 하고 여기서 멈춘다. 훗날 아이가 그 문제를 해결하도록 이끄는 욕구 쪽으로 문을 열어 둔 채로.

물론 교사가 과학을 더 잘 가르치고 아이들의 질문을 유도하고 격려하며 아이와 동행하기 위한 교육을 받는 것도 필요하다. 자신이 부족하다는 것을 인정하는 것도 힘이라면 미국에서 시행하고 있듯이 외부의 인적, 물적 자원 즉 지원 수단에 도움을 청하는 것도 좋은 방법이 될 수 있을 것이다.

아이, 지도 받는 연구자

아이도 진짜 연구자처럼 앎의 세계로 나아가는 탐구를 이어나갈 수 있다.
단, 방향을 안내해 주는 선생님의 적절한 질문이 필요하고,
그 때 그 때 기분에 따른 선택이 아니라,
잘 구축된 주제의 틀을 따라 이루어져야 한다.

초등학교 무렵, 아이는 특히 물질세계에 호기심을 보이고 세상에 대한 새로운 지식을 구성하게끔 해주는 중요한 잠재능력을 가지고 있다. 어떻게 하면 아이가 이러한 가능성을 맘껏 펼치게 할 수 있을까? 아이의 호기심이 주목을 받지 못해 점차 꺼져 버리게 내버려 두는 것은 너무나 안타까운 일이다. 중학교에서 과학 교육을 시작하게 되면 대체로 너무 늦다. 대부분의 청소년, 특히 여학생들은 자연의 세계나 물질세계보다 인간 세상에 더 관심이 많다. 많은 이들이 정원이나 별이 빛나는 하늘을 마주할 기회가 많지 않아, 어린 시절부터 마음의 문 한쪽이 닫혀 있다.

어떻게 하면 이 새로운 호기심 즉, 주변의 사물들을 이해하기 위해서 보고 만지고 만들고 움직여 보려는 갈증을 잘 유지시켜 줄 수 있을까?

초등학교의 과학 교육은 중학교에서 이루어지는 방식과는 확연히 다르다. 과학 개념들을 이해하기에 아이들은 너무 어리다. 일반적으로 수학적 관계식으로 주어지는 과학의 정의들이 어린 아이들이 이해하기에는 너무 복잡하기 때문이다. 그렇지만 아이들의 수준에 맞는 실험과 이론 위주로 다가가면 아이는 상당한 수준까지 개념과 모델을 이해할 수 있다.

계기에 맡겨놓는 것으로는 충분치 않다

어떤 사람들은, 과학 교육을 중등교육과정에서 다시 기초부터 한다는 가정 하에 초등학교에서는 기본 학습에 전념하면서 계기에 맞는 주제를 골라 과학적 방식으로 흥미를 진작시키면 된다고 생각한다. 이를테면 동물원 탐방이나 아이가 가져온 물건을 놓고 질문하도록 도와주는 교내 모임 같은 경우가 그러하다. 우연이나 호기심에서 비롯된 주제를 놓고 아이들은 탐구 활동에 전념한 다음 과학, 역사, 지리, 사회 등에 대해서 종합적인 노트를 만들 수 있다.

그러나 이 방식에는 여러 가지 한계가 있다. 학습 활동이 너무 우연에 좌우됨으로써, 아이의 탐구 활동이 과학 개념의 내면화를 가져다주는지 보장하기 어렵다. 지식의 습득을 위한 일관된 방식을 기대하기 어렵다는 것이다. 실제 실행 과정에서는 두 단계를 병행하는 데 그치고 만다. 즉 아이는 자신의 방식으로 관찰하고 실험해 보고, 성인은 아이가 자신이 한 활동에 의미를 연결시키기 어렵더라도 어떤 과학적인 단어들로 이루어진 언어로 결론을 맺어준다. 가끔 그림으로 설명하거나 어떠한 사실에 대해 읽고 그것을 실험으로 확인하기도 한다. 이 경우든 저 경우든 아이의 활동은 기본적으로 놀이인 것이고, 진실에 대해서는 선생님의 지식이 설명해 준다. 이 방식으로는 우리가 여기서 말하는 진정한 의미에서의 '라맹알라파트'를 실행하고 있다고 할 수 없다. 반대로, 탐구 활동을 해나가면서 아이는 자신의 활동을 통해 얻은 발견으로 스스로 지식을 구성해 나갈 수 있다. 따라서 실험의 방법을 제공하는 동시에 아이를 발견으로 이끌어 주는 주제를 잘 선택해 주어야 할 것이다.

발견으로까지 이어지는 탐구

과학 활동은 아이에게 실험을 어떻게 이끌고 동시에 결과를 어떻게 해석할 것인가를 알게 해주는 좋은 기회이다. 아이에게 지식은 마술처럼 오는 것이 아니라 아이가 그것을 완전히 정복할 때 온다. 실험실에서의 연구자처럼 아이는 실험에 착수해 주제를 놓고 동료들과 자유롭게 토론하며 자신이 무엇을 발견할지 모르는 상태에서 앞으로 나아간다. 그런데 이 비유에는 분명히 한계가 있다. 아이는 연구자로서의 지식과 실행능력이 부족하고 특히 연구자가 찾는 것에 대한 아이디어와 적어도 연구자가 발견하기를 원하는 것에 대한 직관을 가져다주는 개괄적인 지식이 부족하다.

하지만 아이는 어떤 결론에 이르지 않더라도 자신이 좋아하는 것을 작동시키는 기쁨을 위해 몇 시간이고 물건을 가지고 놀 수 있다. 아이는 어떤 계약에 얽매이거나 조급해할 필요 없이 도중에 얼음이나 그림, 물에 비친 그림자 등에 끌리면서 수없이 많은 지름길을 선택할 수 있다. 모든 것은 아이에게 새롭고 반짝거리며 경탄을 자아내게 한다. 중요성 못지않게 볼 만하고, 타당성에 앞서 흥미롭다.

그러나 모든 상황이 다 의미가 있는 건 아니다. 만약 아이 스스로 진정한 탐구를 이끌어 가기를 원하면 아이를 위해 적절한 환경을 제공해 주어야 하고 아이가 탐구로 나아가도록 방향 설정을 해줄 필요가 있다.

단호하되 그만큼 신중한 지도

아이가 자율적으로 아무 주제나 가지고 자유롭게 실험을 할 때, 어떤 의미 있는 결론을 얻게 될 확률은 매우 희박하다. 자율만으로는 결코 효과적인 교육을 할 수 없다. 상반된 두 아이디어로 이러한 상황에 활기를 불어넣어야 한다. 완벽하게 통제된 상황 속에서 성인은 가이드 역할을 하고, 아이는 완전한 자유를 누리며 외부 지식의 간섭 없이 자신의 실험을 이끌어 가는 것이다.

놀이방에서 종종 아이들은 네발로 자유롭게 기어 다니면서 자신의 세계를 탐구하지만, 그 공간은 아이들에게 맞도록 인위적으로 잘 통제되어 아이들이 위험에 빠지지 않고 모든 종류의 실험을 할 수 있게끔 되어있다. '라맹알라파트'의 원칙도 이와 같다. 세심하게 선택하여 준비한 상황을 제시하고 그 틀 안에서 아이들은 해결해야 할 과제나 소재를 가지고 자율적으로 활동하게 된다. 매 순간 교사는 간단한 자극으로 아이에게 적절한 도움을 준다. 이걸로 무엇을 할 수 있을까? 왜 이렇게 했지? 어떻게 이 곤경을 헤쳐 나갔지? 네가 한 걸 우리에게 설명해 볼래? 그림을 그려 설명해 주겠니? 네 생각에는 무슨 일이 일어날 것 같니? 그렇담 너희들도 동의하니?

이처럼 적절한 방향성을 찾아 꾸준히 탐구한다면 아이는 이 물질 세상에서 새로운 지식을 구성하게 되고 또한 이 세상이 이해할 만 하다는 것을 깨닫게 될 것이다. 이것이 바로 여기서 말하는 교육적 지도 감독의 원리이다.

방식과 내용: 선택의 문제가 아니야!

라맹알라파트는 방식(어떻게)과 내용(무엇)이라는
상투적 구분을 넘어서고자 한다.
아이는 자연과 기술의 세계를 이해하기 위하여,
기초지식을 토대로 행하고, 실험하고,
탐구하고, 발견하고, 다시 시작한다.

진정한 탐구

라맹알라파트(시카고에서는 "경험 속에 손 담그기 *Hands On*"이라는 실험 교육으로 진행된)에 담긴 정신은 단지 주변의 물건을 선택하여 아이들이 직접 다뤄보게 하는 활동에 국한되지 않는다. 이런 면에서 미국에서는 조사, 탐색, 근거 있는 탐구 등을 뜻하는 인콰이어리(*Inquiry*)라는 이름으로 국가 차원의 표준 교육과정이 간행되었다. 여기서 아이들은 활동하고, 만져보고, 실험도 하지만, 그렇다고 의미 없이 순전히 놀이에 그치고 마는 활동에 방치되어 있는 것이 아니다. 아이들이 진행하는 탐사에는 항상 여러 질문들이 동반되며, 이 질문들은 지식의 발전을 향해 아이들을 이끌게 된다.

유치원의 경우를 보자. 아이들이 구별해서 이름 지은, 물이 가득 찬 냄비와 여러 형태를 띤 다양한 물건들과 물질들이 있다. 예를 들어 지점토, 종이, 나무, 금속 물질 등등. 선생님이 이런 말로 수업을 시작한다. 지난번에 무엇을 했지요? 무엇을 알게 되었나요?

그러면 아이들은 소그룹으로 다시 모인다. 아이들이 물체와 물질을 발견하고 자유롭게 조작해 본 후에 선생님은 아이 한 명 한 명에게 질문하며, 하나의 코스를 탐험하게 하고, 그 의도를 분명히 하도록 한다.

선생님은 아이들끼리 각자의 실험을 비교하게 한다. 물에 뜨는 조그만 배를 만들 수 있어? 넌 무엇을 찾았니? 너는 무엇을 탐구할 수 있니? 다른 것이 무엇이지? 친구들이 한 걸 봐, 똑같니?

아이들은 돌아다니며 관찰하고 따라 하거나 반박한다. 그다음은 공동으로 작업을 하고 자신들이 보거나 활동한 것의 의미에 대해서 자유롭게 발표하도록 한다.

우리는 간단한 질문을 통해 많은 것을 할 수 있다. 선생님은 지휘자와 같다. 아이들은 먼저 어떤 형태와 물질은 뜨고 또 어떤 것은 가라앉는다는 것을 알게 된다. 더 나아가 아이들은 그 차이가 형태와 물질 사이의 관계에 있다는 생각을 자신들의 언어로 정리하게 된다. 공처럼 뭉친 지점토는 가라앉고 편평한 것은 뜬다. 플라스틱 잔은 뜨고 같은 플라스틱으로 된 토큰 동전은 가라앉는다.

"과학은 어려운 놀이야"라고 한 아이가 말한다. 집중과 노력을 요하며 무엇이 튀어나올지 모르는 궁금증으로 가득 찬 놀이. 즉 텔레비전을 보는 것처럼 아무런 어려움이 없는 놀이가 아닌, 우리가 항상 마주치는 현실처럼 어떤 어려움이 있는 놀이. 또한, 재미있는 경험을 한 후, 사후에 선생님이 사실을 잘 설명해 주면 아이가 그것을 노트에 기록하여 어떤 결과를 얻는 놀이라고.

충분한 시간 갖기

아이가 사물이나 장비를 가지고 실험을 할 때 어떠한 결과를 얻기 위한 탐구를 자신의 수준에 맞게 진행하게 되는데, 아이 혼자서는 그 결과에 도달하기 어려울 수 있다. 선생님의 질문이 더해져서 아이는 말하고, 설명하고, 논쟁하며 동시에 물건을 다루고, 그리고, 해석하고, 소통하며 다른 아이들과 자신의 관점에 대해 토론하게 된다. 아이는 또한 지식을 구성하는 데에 있어 네 가지 단계를 거치게 된다. 즉 주어진 상황에서 가장 적절한 질문을 찾아내고 거기에 맞는 탐구를 진행하며 그 질문에 답을 찾게 되고 자신이 보거나 생각한 바에 대해 소통하는 것이다. 물론 순서대로 할 필요는 없는 이 네 가지 단계는 서로 교차하고 조합되고 다시 반복될 수도 있다.

아이가 이 과정의 최종 목적지까지 도달하려면 충분한 시간이 필요하다. 아이는 시행착오를 겪으면서 많은 길을 탐구해 보아서 여러 아이디어와 제안, 가설 등을 끄집어내야 한다. 선생님은 아이에게 자극을 주면서 아이가 실험의 목적에서 벗어나지 않도록 격려하고 또한 답을 바로 가르쳐주어 아이가 단계를 건너뛰는 일이 없도록 해야 한다. 이러한 단계들을 거쳐 아이는 단순한 정보로서의 지식만이 아니라 정보를 처리할 수 있는 정신적 능력을 얻게 된다. 진정한 지식은 진실로 나아가는 길을 찾아갈 수 있는 능력을 포함하는 것이다.

방식과 내용, 그 사이에 놓인 학교

어떤 선생님들은 방식을 중시하면 시간이 너무 걸리고 이렇게 해서는 교육과정을 다 마치기가 어렵다고 걱정한다. 그래서 방식과 내용이 맞서는 전통적인 딜레마에서 어려움을 겪는다.

내용론자들의 논리는 20세기에 급격히 팽창한 지식을 10여 년의 의무 교육과정에 압축해 놓은 것처럼 학생들이 사실과 열거된 지식을 배우기를 기대한다. 아이들은 왜 또는 어떻게 보다는 "~을 안다"는 것이 중요하다. 물이 섭씨 100°에서 끓는 것을 알고 식물은 물이 필요하고 물질은 고체에서 액체로, 액체에서 기체로 변화하며 고래는 포유류이고 지구는 둥글고 태양 주위를 돈다 등을 아는 것 말이다. 내용론의 영향력과 교육과정의 주축을 이루는 지식이 바로 이런 것들이며, 내용론식 교육 과정이 갖는 강점은 이와 연결된다. 아이가 암기하고 질문에 대답하며 빈칸 채우기나 사지선다형 문제를 풀고 종합적으로 써 보게 하는 방식으로 아이의 지식을 통제하는 것은 매우 간단하다는 것이다. 그러나 이러한 방법으로 과연 아이가 어떤 사항에 대해 심도 있게 이해했는지를 확실히 알 수 있을까?

반대로 방식론자들은 특히 학교에서의 좌절을 줄이기 위해서는 초등학교 그리고 필요하면 중학교에서까지도 최소한의 교육 내용으로 돌아가서, 아이들이 고등학교에 가서 여러 필요한 지식을 쌓기 위한 수단과 방법이 되는 것, 즉 단지 읽고 쓰고 셈하며 사물에 대해 이해하는 방식일지라도 이것을 먼저 제대로 깨우치게 하는 것이 좋다고 생각한다. 이를 위해서는 여러 가지 자세한 지식보다는 순수하게 제대로 된 능력을 구성할 수 있다고 보고 아이의 역량에만 집중을 한다. '꽉 찬 머리'보다는 '잘 구성된 머리'를 원함으로써 내용보다는 방식이 중요하게 되는 것이다. 여기서는 다음과 같은 온전한 교육을 위한 현대적 표현들 즉, 비록 어떠한 결과에 도달하지 못하는 한이 있더라도 이해하는 방식을 깨우치기, 그러한 방식을 체득하기, 다양한 역량을 구성하기, 아이들에게 탐구하는 상황을 만들어 주기 등이 해당한다.

지식의 토대 다지기

70년대에는 학교 교육과정 지침 및 실행의 혁신적 시도가 있었으나, 방법의 사물화와 지식의 망각이라는 측면이 부각됨으로써 어려움을 겪었다. 이러한 개혁을 주창한 사람들의 의도에 대해서는 여기서 논의하지 않겠다. 수업은 풍부하고 창조적인 경험이 되기도 했던 반면, 형식적이고 비현실적인 수업이 되기도 했다. 야외 탐방이나 문서와 그림의 활용, 의견의 교환 등으로 아이들이 관심을 갖도록 하는 것도 중요하게 생각했다. 그렇지만 지식에 "다가가게"는 했지만 "참여하게"까지는 하지 못했다. 지식의 일관성과 연속성에 대한 고려 없이 모든 것이 예측 불가능한 주제들로 이루어져 있었다.

'라맹알라파트'는 자각을 새로이 발견하려는 것도 아니고 더더욱 그것을 덮으려는 것도 아니다. 지나간 실수와 실패를 통한 교훈에서 우리는 부분적으로 영감을 얻을 수 있다. 우리는 70년대의 경험에 대한 비판을 참조해서 과학 교육에 다시 활력을 불어넣을 준비가 분명히 되어 있다. 과학 수업을 진행하는 방식과 지식을 풍요롭게 하는 교육의 내용을 분리하지 않고 세상을 이해하는데 필요한 기본적인 지식을 구성해 나갈 수 있다. 탐구는 우리가 세상을 살아가고 움직이고 체득하는데 필요한 기본적인 과학적 개념들로 이끌어 준다. 아이들은 세상에 대해서 이성적인 진실들을 알아나가고 동시에 이러한 방식으로 진실에 대해 어떻게 과학적으로 접근해 나갈 수 있는지를 깨우치게 된다. 아이들은 또한 가식을 말하지 않게 해주는 진실과 그 진실의 요구대로 어떻게 살 수 있는지를 발견하게 된다.

아이에게 어떤 과학의 경로를 제시할까?

아이 연령대에 따라 발달정도가 다르기 때문에
세상의 사물과 현상을 똑같이 이해할 수 있는 것이 아니다.
"알맞은" 주제와 탐구 방식이 주어진다면
아이 혼자서도 중간 개념과 이론을 터득하게 된다.
탐구 주제의 결정에는 가르치는 사람의 역량뿐만 아니라,
아이와 동행하기 위한 "알맞은" 도구를 만들어 내는 작업이 필요하다.

우리의 환경은 엄청난 풍요와 다양성에 직면해 있지만 제한된 학교 교육의 시간 내에서 아이가 모든 것을 한 번에 이해할 수는 없다. 따라서 실험의 심화를 통해 지식의 구성을 이끌어내고자 한다면, 모든 상황과 주제가 다 필요한 것은 아니기 때문에 아이에게 제공할 과학 활동을 선택할 필요가 있다. 교사는 아이들의 기호와 때와 장소는 물론 자신이 동원할 수 있는 자원과 주요 관심사에 따라 주제를 선택한다. 어쨌든 교사들 자신이 솔선수범하여

지금 현재의 지식을 염두에 두고, “과학을 하는 데 있어 어떤 계획이 중요할까?” “아이들과 함께 무엇을 하는 것이 가능하고 또 그것들을 어떻게 실행할 수 있을까?”와 같은 제안을 해보면 도움이 될 것이다.

소소하지만 진정한 발견으로 이끄는 경험들

전 세계 과학 교육 연구자들에 의하면, 아이들이 구성한 물질 세상의 표현은 모든 나라에서 어떤 공통적인 점이 있다. 즉 아이들이 이해하기에 아주 간단한 개념들이 사람들이 통상적으로 생각하는 것과 반드시 같지 않음을 알 수 있다.

예를 들어 지구가 둥글다는 것은 초등학교에서, 이보다 이해하기 어려워 보이는 전기는 중학교에서 가르쳐야 한다고 사람들은 생각한다. 그러나 지구가 둥긂에도 불구하고 남반구 사람들이 떨어지지 않는다는 사실을 이해하기는 하지만 실제와는 다른 기발한 주장을 하기도 한다. 이를테면 구의 안쪽에 사람이 있어 그렇다든지 반구의 편평한 곳에 있어 떨어지지 않는다고 생각하는 이들도 있다. 마찬가지로 대다수의 아이들은 전기가 작동하는 방식에 대해 그릇된 생각을 갖고 전구를 건전지의 위쪽 극에 올려놓기만 하면 불이 들어오는 줄 안다. 그렇지만 우리의 예상과는 반대로 중력보다는 전기의 이해를 발전시켜 나가는 것이 훨씬 더 쉽다. 즉 중력의 이해는 아주 어려운 반면, 전기는 간단한 전기 회로를 조립해 보고 그 조작 방법을 통해 회로가 작동하는 상황들을 예측해 본다

듣지 하는 방식으로 더 쉽게 이해할 수 있다.

그러므로 모든 현상을 똑같은 방식으로 소개하면 안 되고 아이가 개별 현상에 대해 똑같은 수준으로 이해할 수도 없는 일이다. 따라서 초등학교에서는 아이 스스로 도달할 수 있고, 간단한 실험과 같은 방식을 통해 숙지할 수 있는 개념들로 제한하는 것이 더 낫다. 말로 하는 교사의 설명을 있는 그대로 받아들여야 할 것은 뒤로 보내는 게 좋다.

중간 개념과 이론 이해하기

체험은 아이들을 즐겁게 놀게 하지만 그렇다고 해서 그저 놀기만 하는 목적 없는 활동이 아니다. 즉 체험 하나하나는 아이들을 어떤 실제적인 발견으로 이끌 수 있어야 한다. 라맹알라파트에서는 각 활동이 질문과 가설, 묘사와 설명, 활동일지에 기록하기, 참 지식으로 다가가는 방법 등으로 가득 차 있어야 한다고 기대한다. 비록 그 지식이 아이의 현재 수준의 표현과 아이가 나중에 발견하게 될 관념들 사이의 어떤 중간에 해당하는 개념과 이론으로 표현된다 하더라도 말이다. 아주 정확하고 완전하지는 못하더라도, 그렇다고 해서 거짓이 아닌, 중간에 해당하는 개념으로 과학적 의미에 다가갈 수 있다. 아이의 어휘를 유지하면서도 나중에 구성하게 될 더욱 정확한 개념에 장애가 되지 않도록 할 수가 있는 것이다.

물론 중간 개념에는 좋은 것과 나쁜 것이 있다. 예를 들어 아이들을 낳게 하는 '작은 씨앗' 이야기에서는 남성과 여성의 역할(일하는 남자와 씨 뿌려진 땅인 여자)에 대한 고대의 우화를 전해 주는데 이것은 유전학에 대한 우리의 올바른 이해를 방해할 수 있다. 차라리 그냥 두 개의 반쪽 씨앗이라고 하는 편이 오류가 덜할 것이다.

반대로 어떤 중간 개념들은 아주 훌륭하다. 예를 들어 유치원에서부터 아이들이 중력 현상에 쉽게 접근할 수 있게 해주는 다양한 실험을 해 볼 수 있다. 경사면에 여러 가지 질량의 공을 굴러 내려가게 해 봄으로써 일반적으로 그냥 생각하는 것과는 달리 공의 크기나 무게는 내려오는데 아무런 차이를 만들지 않고 모두 똑같이 내려온다는 것을 아이들이 쉽게 확인할 수 있다. 이것은 간단하고 개략적이지만 오류가 없는 중간 이론으로 중력에 대해서 아이들이 나중(수준을 높여 변수들을 더욱 세분화하고 정밀하게 했을 때)에 배울 교육에 방해가 되지 않는다.

현상의 총체적 이해

이전에는 아이가 각 상황을 특정한 방식으로 그리고 다른 것과 독립적으로 해석했었더라도, 어떤 개념들은 여러 현상을 한꺼번에 이해하고 해석하도록 할 수 있고 여러 상황을 총체적으로 예측 가능하게도 해준다.

예를 들어 아이들이 휴대용 가스가 그 위에 올려놓은 냄비에 열을 전달하면서 냄비를 데운다고 생각하는 것은 맞다. 반대로 털실이 물건을 데운다거나 쇠가 냉각시킨다는 것은 잘못된 생각이다. 이 두 예에서처럼 아이가 '열의 전달'에 대해 말하고, 털실로 싸인 얼음과 용기 속에서 식는 커피 사이에 어떤 공통점이 있다는 것을 안다면 이는 아이에게 매우 경이롭고 중요한 단계이다. 이러한 '열의 전달'에 대한 중간 개념은 여러 현상을 통합해서 묶어 주고 나중에 열전도라는 용어로 더욱 심도 있는 연구를 가능하게 해준다.

대략적인 개념의 다른 예를 들어보겠다. 아이들이 햇볕에서 빛으로 그늘을 만드는 것을 이해하고 예측할 수 있는데 나중에 그 똑같은 빛이 거울에 상으로 맺힌다는 개념은 초등학생 대부분에게 중요하지만 조금 어려운 단계이다.

이러한 중간 개념들로 아이가 열과 온도를 구별하거나 기하 광학의 법칙들을 이해할 수는 없더라도 이러한 것들은 다양한 현상이나 총체적 상황 속에서 공통되는 설명을 끄집어내게 해주는 -이는 과학에서 매우 중요한 요소이다- 첫 발걸음을 제공한다. 그러므로 아이는 같은 방식으로 이들을 표현하고 자신의 용어로 모델화하고 그 모델을 시험해 보고 급우들이나 선생님과 함께 토론하며 엄밀한 결론을 정립해 나가게 된다.

교사들을 돕도록 준비된 장치

모든 상황이 다 같을 수는 없으므로 선생님은 아이들에게 제안할 과학 활동을 선택하기 위해서 여러 기준을 고려해야 한다. 예를 들어 다음과 같은 방법으로 과학적 중요성의 기준을 마련할 수 있다. 개인에게 큰 영향을 미치는, 세상에 대한 아이의 표현이 정립되는 나이에는 올곧고 본질적인 믿음을 가지고 개념들을 정립할 필요가 있다. 즉 자연과 물질에 대한 현대적 이해를 돕기 위해 과학자들이 중요하면서도 통합적인 개념들을 정해 주는 것이 필요하다. 게다가 위의 예에서 알 수 있는 다른 기준은 얻어진 중간 이론에 대한 연속성과 연결성이다. 즉 같은 개념도 여러 각도에서 바라보며 연결된 일련의 노력으로 접근할 때 더 잘 이해할 수 있다는 점이다. 이에 반해 서로 상이한 주제들을 가지고는 그 상황에 필요한 이해의 연결 고리들을 형성할 수가 없기 때문이다.

이런 많은 고려 사항을 오롯이 교사들의 짐으로 만들 수는 없는 노릇이다. 교사들은 교육과정과 아이들의 언행에 대처하는 것으로도 이미 할 일이 태산 같다. 깨우침의 활동 속에서 부딪히게 되는 어려움들은 교사들에게 너무 많은 발명이나 개인적인 연구, 전문가적인 자질들을 요구할 수 없음을 보여준다. 교사들의 시도를 지원하기 위해서 그들의 필요에 따른 정확한 조치들을 취해 주어야 할 것이다.

다양한 아이들 개개인에게 맞추어진, 그리고 일상적인 학습 조건에서 해보기 수월한 상황들을 구성하는 일에는 우리가 추구하고 또 확대해 나갈 필요가 있는 여러 가지 노력이 요구된다. 이 문제는 필연적으로 학교 선생님과 과학자 그리고 과학 교육 연구자들 상호 간의 긴밀한 협력에 달려 있다.

어떻게 하면 얼음을 오래 보관할 수 있을까?

두 가지를 함께 추구하는 프로젝트인데, 하나는 털실의 단열 성질에 대한 과학적 발견을, 다른 하나는 언어의 숙달을 다루고 있다.

아이들은 얼음 막대 사탕을 만드는 방법을 학습카드에 써야 한다. 이 카드는 다른 반 아이들도 사용할 수 있도록 모든 것이 분명해야 한다. 여기서는 첫 부분만 다루기로 한다.

반의 아이들에게 어떻게 하면 얼음을 가장 오래 녹지 않게 할 수 있는지를 물어본다. 아이들은 다양한 답을 제안한다.

- 시원한 복도에 둬요.
- 창가에 둬요.
- 그늘에요.
- 고인 물 양동이요.
- 보온/보냉 주머니요.
- 신문지에 싸 두면 돼요.
- 이번에는 얼음이 어디서 가장 빨리 녹을까? 선생님이 되묻는다.
- 난로 위요.
- 햇볕이요.
- 뜨거운 물이요.
- 털 스웨터요.
- 어떻게 하면 알 수 있을까?

- 직접 해 봐요.

- 실험을 해 봐요.

신이 나서 아이들은 얼음을 (열린 또는 닫힌) 유리병 속에 넣거나 플라스틱 병, 나무 상자, 그늘 또는 햇볕에 놓자고 제안한다. 선생님은 표를 만들어 이 제안들을 열거하고 아이들에게 이 표를 받아 적은 다음에 자신들이 생각할 때 가장 빨리 녹는 것부터 가장 느리게 녹는 것의 순서를 매기라고 말한다. 그러고 나서 다음날 실험을 위해서 각자 해야 할 일과 가져올 재료들을 분담한다.

다음날 아이들이 오자마자 각자 전날 선택한 조건에 따라 얼음을 넣고 잘 지켜보며 자신의 얼음이 빨리 녹는 순위를 표에 적는다.

찬물에 얼음을 넣었다가 표에 가장 빨리 적힐 때 아이들이 내비치는 실망감, 이럴 리가 없는데!

- 선생님 다시 해 봐도 돼요? 물이 충분히 차갑지 않았고 물을 잘 흐르게 하지 못한 것 같아요.

- 그럼, 다시 해 봐!

잠시 뒤, 또다시 실망이다! 얼음이 사라졌다!

- 한 번 더 해봐도 돼요? 이번에는 물을 무지 오래 흐르게 할 거예요.

-그래!

아뿔싸, 세 번째도 얼음이 오래 못가네.

- 그래서 아이는 심지어 아주 찬물에서도 얼음이 금방 녹는다는 것을 실망한 채 체념하고 받아들인다. 실제 현상은 논란의 여지없이 명백한 것이다.

실험 초반에 얼음을 털 스웨터에 넣으면서 자기 얼음이 제일 빨리 녹을 것이라 생각했던 아이는 자신의 선택을 후회했지만 (심지어 아무도 자신과 같은 조에 함께 하려 들지 않았다!) 오전이 다 지나고 친구들이 모두 학습카드에 녹았다고 표를 한 후에도 자기 얼음은 아직도 옷 속에 남아 있는 것을 보고 놀란다. 다른 얼음은 다 녹았는데 내 얼음만 안 녹았다니 이렇게 기쁠 수가! 선생님이 아이들에게 처음 예상과 나중의 결과를 비교하게 하고 가장 빨리 녹는 경우 5가지와 늦게 녹는 경우 5가지를 적으라고 한다.

- 이것 좀 설명해 볼래?
- 우리 실험이 공평하지 못했나 봐요. 제 얼음이 베르트랑의 것보다 좀 작았어요.
- 교실에 온도가 어디나 똑같지 않은 것 같아요. 온도계를 가져와서 재봐야 할 것 같은데…. 아, 제 생각도 그래요!
- 모두가 똑같이 시작하지 못했잖아요. 저는요, 상자를 여는 데 한참 걸렸어요.

아이들은 다음 날 똑같은 크기의 얼음이 든 용기들을 갖고 같은 장소에서 똑같은 시간에 다시 해보기로 한다. 이번에도 결과는 같다. 찬물에서 얼음은 더 빨리 녹고 털실에서는 더 오래 간다.

- 이거 이상해요! 선생님, 털실은 덥게 해주고 우리도 몸을 따뜻하게 하려고 털옷을 입잖아요.

아이들의 이해를 돕기 위해 선생님은 뜨거운 물이 든 유리병과 얼음을 나눠 준다. 아이들은 경과를 관찰하고 더 섬세하기 기록하기 위해 자신들이 본 것을 그려본다. 아이들은 병 속에서 대류의 움직임을 살펴보고 선생님의 설명을 듣고 열의 교환을 관찰하게 된다. 털 속에서 얼음이 녹지 않는 것은 털실이 열의 교환을 막기 때문이다. 마침내 아이들은 단열이라는 개념에 도달하게 된다.

이 경험 후에 아이들은 막대 얼음 아이스크림을 만든다. 이제부터는 얼음을 단열 주머니에 넣고 플라스틱 통에 넣은 다음 다시 털실 옷에 넣어서 가지고 다녀야 한다는 것을 알게 된다. “이중 보호 장치를 했어요, 선생님!”

3부 세상

경이로움에서 시민의식으로

세상을 발견해 나가면서 아이는 자신 또한
세상의 한 부분임을 알게 되고 고유한 자기정체성을 만들어간다.
이러한 정체성은 타인과의 관계 형성을 통해 이루어진다.

사하라 사막의 밤, 하늘의 아름다움을 마주하게 되면 가슴이 벅차오른다. 왜 아름다울까? 별은 그 자체만으로는 아름답지도 추하지도 않으며 그저 거기에 있을 뿐이다. 별은 우리가 눈길을 줄 때 비로소 아름다워진다. 꽃이나 곤충, 별 앞에서 감탄하며 세상에 아름다움을 부여하는 것은 바로 인간이다. 가장 놀라운 것은 우리의 능력 그것도 아주 어릴 때부터 가지고 있는 바로 경이로움을 느끼고 표현하는 능력이다. 하루하루 아이는 새로운 사물과 새로운 사건을 발견해 나간다. 놀라고, 질문하고, 사물의 형성 과정에 참여하고, 실험하고, 도발하고, 설명을 상상하기도 한다. 아이가 자기 외부의 세상을 발견하고 동시에 그 세상에 참여하는 놀이는 아이

에게 커다란 기쁨을 준다. 이러한 놀이는 아이와 세상 사이를 이어주는 유대감을 심어주기 때문이다. 아이의 경외심은 자연이 가져다주는 색이나 형태에서 오기보다는 일어나는 사건에 참여할 수 있다는 가능성에서 온다. 아이에게 앎은 곧 세상에서의 탄생이다.

사하라 사막의 밤, 나는 세상의 중심에 있다. 입자에서 성운까지 사물들이 서로서로 운명적으로 연관된 상호작용이 장관처럼 펼쳐진다. 오늘 이들의 상태는 어제 이들의 상태의 결과물이다. 이런 사물에게 있어 내일이란 없지만, 인간은 미래에 대한 상상을 한다. 인간의 관찰과 지성은 이러한 사물로부터 '사물에 대한 견해'를 형성하게 되는데, 이것이 정밀해지면 과학적 견해가 된다. 즉 사물에 이름을 붙이고 성격을 규정하고 비유적인 세상의 기본 원리들 즉 어떠한 법칙을 주는 세상의 모델을 만든다. 아이 또한 세상의 중심에서 자신을 보며 자신을 둘러싼 현실과 자신을 분리할 줄 알게 되고 과학적 절차와 유사한 방식으로 자신 속에 현실에 대한 이미지를 형성해 나간다. 즉 사물 자체를 조금씩 조금씩 뚜렷해지는 개념으로 대체해 나간다.

사하라 사막의 밤, 나를 초라하게 만드는 엄청난 힘 앞에서 나는 무력감과 두려움을 느끼기도 하지만 이러한 고독 속에서 타인들과 무수한 끈으로 연결되어 있음을 알게 된다. 나를 둘러싼 세상을 보는 나의 견해는 타인들이 가져다준 견해로 가득하다. 내가 누구인가를 아는 능력은 나와 관련된 모든 사람들과의 접촉을 통해서 더욱 풍요로워지며, -나의 '나'는 사람들이 말하는 '너'의 결과물이기에- 나 또한 내가 하는 말의 대상으로 있게 된다. 나는 사회의 구성원이며 그렇지 않고서는 나는 한 점 바람의 숨결에 지나지 않는다. 아이는 아직 이에 대한 의식이 없다. '타인'도 자신이 발견하는 세상의 부분이며, 자신이 그와 다르다는 사실을 배워나간다. 이러한 현실 속에서 타인은 아이에게 가장 많은 문제를 안겨주는 집단이다. 타인은 나와 다른 사람이며, 따라서 위험하고, 따라서 자신을 보호하며, 타인에 맞서는 것은 너무나 자연스럽다. 그렇지만 아이는 물에 비친 자신을 바라보는 나르시스같이 보는 것이 아니라 '타인'의 시선 속에서 한 걸음 한 걸음 거듭나게 됨으로써, 한때 두려움의 대상이었으나. 이제는 없어서는 안 될 또 다른 한 사람으로 변해가는 것이다.

아이의 이러한 긴 여정에는 무수한 장애물이 기다리고 있다. 이를 지나가기 위해서는 겉으로 보이는 것 너머를 볼 줄 알아야 하고, 이런저런 반응에 대해서 자신을 지켜가야 하며, 어느 면에서는 말 그대로 자신 밖으로 인도됨을 의미하는, 즉 교육을 받아야 한다. 학교의 주된 역할이 바로 여기에 있다. 학교는 아이에게 느낌, 의문, 프로젝트 등을 다른 사람과 교환할 줄 알도록 가르쳐야 할 것이다. 한편 아이들은 지시 대상을 칭하는 말을 구사할 수 있어야 하고, 현실 세상을 정확하게 설명하는 법을 배워나가야 할 것이다. 인간의 총체적 집합 속에서 자신의 위치를 찾아감으로써 아이는 점차 시민으로 자라나게 되는 것이다.

과학, 객관성의 배움터

아이들에게 민주적 생활을 준비시키는 것은 토론에의 참여에 의미를 주고
타인의 관점에 대해 자신의 의견을 갖도록 깨우쳐 주는 일이다.
아이들은 현실의 제약에 따른 문제와 윤리적 선택이나
개인적 기호의 문제를 구별할 줄 알게 된다.

보통 선거나 투표의 자유 또는 시민의 규범 등만으로는 민주주의에 필요한 기능에 충분하지 않다. 민주주의에는 남자들과 여자들 모두 사회 변화에 대한 토론에 자유로이 참여할 수 있어야 한다. 절대적 선을 찾아내거나 공익의 수준까지 덕망 있게 수준을 끌어올리는 것을 말하는 게 아니라, 단지 서로 소통하고 의견을 교환하며 필요한 경우에는 대립하고 때로는 의견의 일치를 보거나 때로는 타협에 이르는 것을 말한다. 이것은 폭력의 행사를 피하고 요구가 관철되지 못하더라도 오로지 각 개개인이 귀 기울여지고 인정받고 고려되는 느낌을 받는 것이다. 이러한 사회에서의 존재

방식은 유년기에 습득될 수 있고, 그렇지 못하면 권위에의 복종을 통해 이루어질 수밖에 없다.

토론의 교육

시민의식은 역량의 총체, 즉 지적, 언어적 능력이며 이것이 결핍되면 어떤 이들은 자기를 잘 보여주지 못함으로써 다른 이들과 동등하게 대우받지 못하게 된다. 각 개인은 토론의 의미를 뚫어 보고 쟁점에 다가가며 사실적 자료들과 가능한 대안을 구분해서 선택하고 이것의 정당성을 공개적으로 보여주며 다른 사람들이 이에 대해서 납득할 수 있도록 해야 한다. 또한, 다른 사람들의 의견에 귀 기울이고 그들의 사유를 이해하여 자신의 선택을 수정하며 다른 사람들의 견해를 수용하여야 한다. 판단하고 사유하며 논쟁하고 듣고 토론하고 설득할 수단을 가지면서 다시 검토하고 자신의 의견을 수정하고 현실을 속이지 않고 그 한계를 받아들이며 현실과는 타협이 어렵더라도 사람들과는 타협에 도달하는…. 이러한 열려있는 객관성의 정신은 습득되기가 어렵고 지속적인 교육을 통해서만 가능하다.

민주주의는 토론이 없거나 열매를 맺지 못할 때, 현실의 제약을 무시하거나 사회 구성원의 일부를 제외하여 그들이 폭력적인 방법으로 의사를 표현할 때 위기에 처한다. 오늘날 많은 젊은이들은 자신들이 토론하는 것에 잘 준비되어 있지 않다고 느끼며 "각자 하고 싶은 대로"라며 마음을 닫고 공적인 토론에는 무관심하다. 반대로, 다른 사람들의 생각에 열린 마음을 갖고 현실과 현실의 요구를 받아들이려면 토론과 이해와 설득에 자신이 있어야 한다. 이러한 능력도 또한 학교에서 습득될 수 있다.

객관성의 교육

토론의 방식은 저절로 습득되지 않지만, 예를 들어 아이들이 자신들에게 주어진 자연과 물질과학을 이해하기 위한 탐사를 함께 해결하는 것처럼 현실 속 논점들에 대해 훈련하면서 더 잘 토론하는 법을 깨우쳐 나갈 수 있다. 토론 그룹 한 가운데에 토론해야 하는 주제가 있고, 이것은 우리의 협력과 해석, 그리고 다양하고 일관된 시도들을 불러일으킨다.

과학 연구자들이 객관성에 대한 선천적인 감각을 타고 나는 것은 아니다. 이들도 자신들의 의견을 방어할 때는 다른 사람들처럼 주관적이 된다. 그렇지만 과학적 토론의 규칙을 받아들이고 가설에 대한 비판적 토론에 대해 열린 자세가 결국에는 과학 세계의 객관성을 보장해 주는 것이다. 권위적인 주장이나 다수의 목소리도 실험적 논증 앞에서는 소용이 없어지는 것이다. 즉 마음껏 상상의 나래를 펴야 하지만 또한 동시에 엄밀한 검증이 있어야 하는 것이다.

수업시간에 매일 또는 일주일에 한 번 시간을 조정하여 아이들 간의 또는 아이들과 어른 사이의 문제와 갈등을 해결할 수 있다. 야외 수업이나 정기 구독, 공동 프로젝트 등에 대한 결정을 토론을 통해 할 수 있다. 아이들은 자신들의 견해를 비교해 보고 합의에 도달할 수 있다.

아이들은 과학을 하고 가설을 옹호하거나 반박하는 논쟁을 하며 실험과 일치시키고 필요한 도구들을 만드는 다양한 방식들을 조정하면서 다투지 않고도 토론하는 기술을 깨우칠 수 있다. 여기서는 불공정한 마음이 없기 때문에 흥분된 감정이 생기지 않는 장점이 있다. 아이들은 정확함을 가지고 소통하고 자신의 생각을 설명하고 다른 사람의 의견을 듣고 말을 하며 가장 정확한 의견에 다다르기 위해서 다른 이들의 비판도 고려하는 법을 배운다. 그림은 실험을 보지 못한 사람들과 소통하게 해주는 말을 대신해 줄 수 있는 이상적인 방법이다. 아이들은 그림들을 비교하고 공정함을 체크하며 어떤 표현에 합의하게 된다. 따라서 라맹알라파트에서는 아이들이 초등학교 내내 가지고 다니며 매일 기록하는 실험 노트가 매우 중요하다.

민주주의를 가르치는 학교

초등학교에서 논증은 거의 다루지 않는다. 국어 시간에는 글의 형태를 주로 다루면서 이야기하고 상황을 묘사하며 소감을 표현하지만, 과학 교육에서는 논증을 중요시한다.

문제 해결의 노력과 협력을 위해 논증을 하고 다른 사람의 말에 인내심을 가지고 귀 기울이는 것은 과학 교육과 시민의식의 교육에서 자연스럽게 이루어진다. 그러나 이 둘은 서로 다른 방식으로 이루어지는데, 이는 매우 중요하다. 하나는 진실에 기초하고 다른 하나는 정의에 기초하기 때문이다.

초등교육에서 교사의 다면성은 이를 잘 이용할 때 좋은 기회가 된다. 교사는 과학 교육과 시민교육이 가진 공통점을 보여줌으로써 그 둘 사이에 다리를 놓아 줄 수 있다. [현실이 우리의 욕망을 방해하는 저항, 거기에 적응하는 공통의 추구, 약간의 실용주의와 이성적인 요구.] 두 경우 모두 경험에 대한 사고와 건설적인 의견 교환 그리고 이성적인 사고 등이 의견의 일치를 이루는 것이 관건이다.

교사는 또한 이 둘을 구별하는 경계를 설정할 수 있다. 다수의 의견 특히 만장일치라고 해서 반드시 진실이라고는 할 수 없다. 과학적 진실은 그것이 세상 사람들이 아니라고 해도 진실로 남는다. 진실은 타협의 영역이 아니다. 반면에 정의는 객관성의 영역이 아니다. 정의는 우리의 협력에 의해 형성되며 어떤 사실의 진실에 의해서 명확히 구분되는 것은 아니다(42쪽 참조). 정치적인 중재는 전문가의 권위적인 말에 의해 세워지는 것이 아니다. 물론 민주적인 토론은 과학에 바탕을 둔 지식에 의해 명확하게 할 필요가 있다 - 그리고 어느 정도 과학적인 지식을 갖춘 시민들은 일반적으로 보다 사려 깊은 시민들이다. 그러나 민주적인 토론은 진실에 대한 지식에 기초하는 것이 아니라 결정에 기초를 둔다. 정치적 상황에의 많은 혼란은 이 두 특징에 대한 혼돈에서 온다. 학교는 아이들이 이러한 차이점을 잘 이해하도록 도와주는 장소이기도 하다.

프랑스 대혁명 동안 민주적인 교육제도를 꿈꾼 많은 현인은 과학에 선택의 여지를 만들어 주었다(113쪽 참조). 우리가 과학 교육이 시민의식의 형성에 결정적인 역할을 하도록 함으로써 선배들의 영감을 조금이라도 되찾을 수 있을 것인가?

가족끼리 과학 하기

아이의 탐구에 대해 가족들이 관심을 가져줄 필요가 있다.
아이는 자기 연구에 가족을 불러들이게 되면서
부모님도 그에 대한 지식과 노하우가 있음을 알게 된다.
"우리 부모님은 모르는 게 없어."
따라서 아이는 학교에서 배운 것이
집에서도 쓸모 있다는 사실을 깨닫게 된다.

과학은 학교, 주방, 정원 등 도처에서 할 수 있다. 가족들이 아이들이 과학 하는 것을 어떻게 도와줄 수 있을까? 또한, 많이 배우지 못한 가족이 있더라도 아이들 사이에 지식의 불평등이 생기지 않게 하려면 어떻게 해야 할까?

학부모 되기, 쉽지 않은 일!

아이는 가족이 자신의 학업을 지지해 준다고 느낄 때 학교생활을 더 잘 할 수 있다. 아이가 학교에서 배운 것들이 주변에서 일어나는 일들과 서로 가치가 잘 맞는다고 느낄 필요가 있는 것이다. 아이가 서로 통하지도 않고 비슷하지도 않으며 서로 모르는 체하는 단절된 두 세상에서 산다는 것은 매우 힘든 일이다. 즉 학교라는 세상과 집 또는 동네와 같은 세상을 말하는 것이다. 학교에서 얻은 지식이 학교 담장 밖 세상에서도 의미를 가지며, 자신이 좋아하거나 존경하는 사람들과 함께 나눌 수 있다는 사실을 깨닫는 것은 중요하다. 아이의 성공을 위해서는 아이가 학교에서 배운 것에 대해 부모가 관심을 갖는 것이 결정적이다. 아이가 집에서 반향, 즉 자신이 배운 내용에 부합되는 것을 찾는다면 자신의 배움이 세상으로부터 인정받은 기분이 든다. 아이는 낯선 주변의 세계를 헤쳐 나가면서 두려워하지 않고, 자신의 수준보다 더 높은 지식을 습득하는 데 있어서도 벅차하지 않으며, 자신의 발견들 속에서 앞으로 나아가는 힘을 얻게 될 것이다.

그러면 아이의 학습을 어떻게 지원해 줄 것인가? 학부모를 초대해서 아이들이 배우는 내용을 알아보도록 하는 것이 필요한가? 그렇다면 대부분은 부모 노릇을 제대로 하지 못한 셈이 된다. 직장이 멀거나 퇴근이 늦은 좋은 직장의 부모, 삶에 바빠서 저녁 시간에 아이의 학교생활에 관심을 가질 시간도 욕구도 없는 부모, 실업 상태이거나 일자리를 잃을까 걱정하는 부모, 또한 고단한 삶으로부터 아이를 보호하느라 불안해하면서 아이에게 커서 성공하려면 공부를 해야 한다고 잔소리하면서도 집에서 텔레비전 보는 것 외에는 관심이 없는 부모, 자신들이 어렸을 때 좋은 학생이 아니었거나 아예 학교에 다니지 못해서 아이에게 좋은 부모 노릇을 제대로 하지 못하는 부모, 학교로부터 많은 것을 기대하지만 선생님 만나러 오기를 어려워하거나 자신의 능력이나 지식이 부족하다고 느끼는 부모들이 대부분이기 때문이다.

아이를 돕도록 부모를 지원하기

미국에서의 체험은 '가족과 함께 과학하기'를 어떻게 펼쳐나갈 것인지에 대한 힌트를 제시한다. 부모가 박식해야 하거나 아이가 학교에서 한 것을 검사해주고 설명해주고 다시 해보게 하는 것이 아니다. 라맹알라파트는 과학에 대해 아무것도 모르는 부모 심지어 학교 교육을 받지 못한 부모도 함께 할 수 있는 활동들을 제안한다. 아이는 가족, 부모, 친척을 자신의 탐구 활동 일원으로 등록시켜, 자신의 흥미를 끄는 여러 가지를 화제로 삼아 생각을 나누어 보는 활동 같은 것 말이다.

중요한 건 가족이 아이의 학습을 점검하고 완성해주는 것이 아니라 - 이는 교사의 고유한 역량이다 - 집에서 일어나는 일과 학교에서 배운 것들이 서로 교차되고 연관되어 집에서 아이가 살아있는 호기심을 갖도록 하고 학교로부터 공유할 수 있는 문화의 의미를 찾도록 하는 데 있다.

아주 어린 아이들이 일상생활에서 배울 수 있게 해주는 여러 가지 활동이 있다. 욕실에 이러저러한 성질을 가진 물건들을 가져다 놓고, 어떤 것이 뜨고 어떤 것이 가라앉는지 놀이를 아이와 함께 할 수 있다. 끓는 물, 녹는 얼음, 서서히 녹는 버터, 식초와 섞이지 않는 기름, 등등 집에 있는 대부분의 일상용품으로도 놀이를 할 수 있다. 아이들이 청소, 요리, 목공, 정원 손질같이 일상의 활동에서 일어나는 현상을 보고, 듣고, 관찰하고 비교할 수 있게 해준다.

더구나 이러한 일상에서의 과학은 아주 쉽고 재미있는 방법으로, 이런 활동을 하는 동안 아이가 옆에 붙어 있도록 할 수 있다. 자신이 못 배웠어도 많이 안다고 느끼고 자신감을 가진다면, 그리고 자신이 아는 것에 대해 아이가 흥미를 느낄 거라고 생각한다면 반드시 박식하게 많이 알아야 할 필요는 없는 것이다.

미국에서는 부모가 할 수 있는 역할을 자각하도록 도와주기 위해서 여러 방법이 시도되었다. 예를 들어 일 년에 한두 번 교사와 과학 교육자들이 부모와 아이들을 비공식적인 모임에 초대하여 아이들과 집에서 할 수 있는 실용적인 일상의 활동을 경험해 보도록 한다. 또한, 교실에서 전시회를 열어서 아이가 부모에게 자신의 실험에 대해 설명하고 참여해 보도록 한다. 여기서 부모의 역할은 분명히 정해져 있다. 단지 아이의 활동에 참여해서 아이의 발견에 관심을 가져주고 아이에게 너무 수준 높은 것들을 요구하지 않으면서도 자신이 아이에게 해줄 수 있는 것이 적지 않다는 것을 보여주는 것이다.

아이의 실험에 관심 갖기

라맹알라파트는 아이에게 너무 수준 높거나 복잡한 것을 요구하지 않으면서도, 부모가 아이의 작업에 관여하게끔 유도한다. 단지 부모는 아이의 실험 노트를 들여다보고 아이가 교실에서 한 활동을 읽어 보며 또 다른 실험을 손수 해 볼 수도 있다. 아이에게 현재 생활에서 사용하는 것, 즉 종이, 나뭇가지, 나뭇잎, 달걀판, 박스, 구슬, 핀 등을 가져오라고 하는 것이다. 부모의 박식함을 요구하지 않으면서 학구적인 냄새가 덜한 과제로도 부모의 참여를 이끌어낼 수 있다. '서로 다른 종류의 나뭇잎 세 장 찾아오기', '집에 있는 여러 가지 재료를 가져와서 그 위에 물을 떨어뜨린 후 어떤 재료가 물을 흡수하는지 보기', '콩을 삶으면 어떻게 될까?', '열을 잘 전하는 물체와 잘 전하지 않는 물체 두 개씩 찾기' 등에서 보듯, 아이가 하는 것을 부모가 검사하는 전통적인 숙제가 아니라 부모와 함께 해보는 여러 가지 활동이 가능하다. 이렇게 부모와 놀이 같이 함께 하는 활동을 통해 아이는 싫증 내지 않고 부모의 지식을 활용하는 습관을 가지게 된다. 아울러 부모도 이런 활동을 즐기며 후속 모임에 더욱 자발적으로 참여하게 됨을 확인할 수 있다.

학교에서 배우지 않는 지식 활용하기

대부분의 아이들은 자기 부모의 지식과 능력에 대해 잘 알지 못한다. 암암리에 학교는 아이가 학교에서 하는 것을 부모가 잘 모르기 때문에 부모가 아무것도 모를 거라는 생각을 주입한다. 아이는 이것이 창피하여 가족을 멀리하게 만드는 불량 서클에 가입하기도 하고, 결과적으로 학교에서 무시당했다고 느끼거나 학교를 멀리하게 되고, 이로써 학교가 그들을 가족에게서 멀어지게 한다고 느끼게 된다. 종종 더 이상 학교에서 배우는 것이 불가능하다는 생각에 빠지기도 한다.

근본적으로 무지한 부모는 없다. 세상의 모든 부모는 여러 가지를, 그것도 아주 많은 것을 알고 있다. 그것이 반드시 학교에서 가르치고 가치를 부여한 지식일 필요는 없다. 학교는 무의식적으로 '많은 책을 소장하고' 책 문화와 관련된 활동을 하는 계층을 선호한다. 집에서 하는 라맹알라파트는 다채로운 능력과 대중의 지식을 활용한다. 제도권 교육의 시각으로 보면 배우지 못한 문맹의 부모도 일상의 생활에서는 궁핍에서 벗어나기 위한 다양한 종류의 일에 대한 지식과 이에 대한 활용을 알고 있다. 돈이 없는 사람은 집에서 여러 가지 물건들을 고칠 줄 알고 따라서 아이에게는 지식과 발견의 보고가 된다. 목공 일을 하는 사람은 물질의 여러 성질을 알고 평형이나 역학 등에 대한 지식도 가지고 있다. 배우지 못하고 도시로 이주해 온 시골 문화를 아는 사람은 식물이나 계절 기후 현상, 여러 가지 공구 등에 대해서 해박한 지식을 가지고 있다.

간단하지만 다양한 주제를 놓고 아이가 부모의 참여를 자극하면 할수록 부모들도 적극적으로 되어 자신은 물론 아이와 학교 모두에게 도움이 되는 살아있는 지식을 더 많이 전해 줄 수 있을 것이다.

결국, 과학은 무엇인가?

과학은 곧 언어이다.
인간은 언어로써 물질과 자연 현상을 묘사한다.
이 언어의 가장 큰 특징은 객관성이다.
그 뼈대는 직관과 가설에서 출발하여 구축된 이성적 사유이고
그 정당성은 실험적 검증에 기반을 두고 있다.

태곳적부터 인간 곧 아이가 눈부신 세상과 삶의 신비에 대해 품었던 의문에는 무수한 답이 제시되어왔다. 시, 종교, 철학, 예술과 더불어 과학은 겸허함과 장엄함의 절묘한 조화 속에서 자신의 역할을 다해 왔다.

과학은 겸허하다. 자연이 주는 답을 가공하지 않고 있는 그대로 알리는 것 외에 다른 야심이 없고, 장식이나 술책이 끼어들 여지없이 곧이곧대로 기술해주기 때문이다. 과학은 장엄하기도 하다. 세상의 거울로서 환히 빛나고, 우주와의 대화에서

인간에게 어떤 차원을 제시하고 엄정함과 관용이라는 윤리의 초석이 되어주기 때문이다.

과학은 언어의 발견, 즉 사물이나 현상의 이름(비, 화강암, 종달새라 명명하는 행위가 대상에 의미의 단초를 부여해준다)과 행위를 드러내는 동사의 발견과 함께 긴 모험의 여정을 시작했다. "종달새가 잔다"라는 말은 이미 과학적이다. 왜냐하면, 가공하거나 해석하지 않고 세상의 부분을 묘사해주고, 종달새에 대한 기본적인 의문에 답을 주기 때문이다.

현상과 법칙

가능한 무수한 문장 가운데는 절대적 권위를 행사하는 것도 있다. 이를테면 "손을 놓으면 돌은 떨어진다"라든가 "종달새는 언젠가 죽는다"와 같은 문장은 자연에 대한 항구적이고 견고한 진실을 내포하는 의심할 여지 없는 사건을 말해준다. 이 고유한 문장, 정확히 말하면 문장이 말해주는 사건은 "전류가 통하면 금속선은 뜨거워진다"[11]에서 보듯 어떤 효과를 수반하며 가능성의 대혼돈 속에서 자연이 선택한 궤도를 따라간다. 이러한 관점에서 과학은 무모할 수도 있지만 "내 손에서 돌을 놓으면, 돌은 떨어질 것이다"라는 문장에서처럼 미래에 일어날 일을 확언해주기도 한다.

그런데 위의 진술은 유용할 때도 있지만 모호하다. 종달새는 오래 또는 짧게 살다 갈 수가 있고 돌은 빨리 또는 천천히 떨어질

11) 이는 줄(Joule)의 법칙과 혼동되기도 한다.

수 있다. 이러한 변수들을 분명히 해주기 위해 방법(측정)과 언어(숫자)의 사용을 필요로 한다. 숫자(일례로 지나간 날의 수)와 함께 형태(일례로 태양의 형태)는 자연에서 비롯되는 수학과 기하학의 점진적인 발전을 가져왔다.

초기에는 기본적인 골격에서 출발하지만, 점차 정교한 측정과 수학의 언어를 통해 법칙이 만들어지고, 그 위에 이론과 모델이 만들어진다. 때로 조화롭지 않고 일견 연결되지 않는 듯해 보이는 현상들로부터 과학은 서양의 르네상스 시대에 뉴턴에 앞서 갈릴레이가 물체의 낙하 법칙을 결정했던 것처럼 자연 현상의 심오한 단일성을 점진적으로 파헤쳐 나간다.

태곳적부터 인간은 손을 놓으면 돌은 떨어진다는 사실을 알고 있었다. 왜 떨어지는가는 차치하고라도 돌이 어떻게 떨어지는가 하는 질문에 대해 인간은 일관된 논리적 사유에 바탕을 두고 학문적 논쟁을 거쳐 더욱 탄탄해진 답을 찾아 왔다. 예를 들어 아리스토텔레스는 돌이 일정한 속도로 떨어지게 되어 있다고 주장했었다. 갈릴레이는 아리스토텔레스의 말을 믿지 않고 돌의 낙하 속도를 직접 재어 봄으로써 몸소 자연을(이 경우에는 돌) 탐구한 최초의 과학자였다. 그는 어떤 실험을 구상해서 이상적으로 단순화된 조건에서 물체의 낙하를 관찰하고 낙하 시간에 따른 낙하 거리를 측정했다. 실험을 언제 해도(시간의 보편성), 어느 곳에서 해도(공간의 보편성), 누가 해도(비주관적), 낙하 거리는 시간에 비례하는 것(아리스토텔레스의 생각, 속도가 일정)이 아니라 시간의 제곱에 비례했다(가속 운동). 이 현상은 하나의 법칙으로 자리매김 되어,

수학적 형태로 처음의 위치를 알면 이후 임의의 시간에서의 물체의 위치를 계산할 수 있게 해주었다.

여기서 우리는 과학적 방식에 내포된 겸허함에 대해서 깨우치게 된다. 즉 인간은 자신으로부터 나오는 진리가 아니라, 그 자신은 지극히 미미한 부분에 지나지 않는 보다 큰 전체에서부터 유래하는 하나의 진리를 충실히 기록하는 존재에 지나지 않는다는 사실 말이다.

갈릴레이의 물체 낙하 측정

땅으로 빠르게 떨어지는 물체의 속도를 정확히 측정해 내기 위해서, 갈릴레이는 느린 경사면에서 공을 굴러 내려오게 하는 즉 물체의 속도를 완만하게 함으로써 속도를 측정하는 방법을 고안해 내었다. 그는 추론을 통해, 현상을 왜곡하지 않으면서 이런 방법으로 낙하의 문제를 증명할 수 있다고 확신했다.

갈릴레이는 물체가 떨어진 거리 즉 낙하 거리(z)와 떨어진 시간(t)을 동시에 재려 하였다. 거리를 재는 건 쉽지만 정밀한 시계가 없던 시절에 시간을 재는 건 매우 어려운 일이었다. 난제를 극복하기 위하여 그는 아래에 수도꼭지가 달린 물통을 사용하였다. 시간을 재기 위해 공을 놓는 순간 꼭지를 열면 물이 아래에 있는 통으로 흐르고 공이 땅에 다다르면 꼭지를 잠갔다. 이동한 물의 무게를 잼으로써 흐른 시간을 측정할 수 있었다. 이러한 실험을 다양한 높이로 여러 번 반복함으로써 그는 (z, t) 쌍의 여러 값을 얻었고 오차 범위에서 z가 t2처럼 변한다는 것을 알았다. 즉 z=Kt2

이다. (K는 상수 즉 같은 장소-더 일반적으로는 같은 고도 즉 지구 중심으로부터의 거리-에서 여러 번 측정해도 변하지 않는 숫자 값이다.) 아리스토텔레스의 생각(일정한 속도)은 z=Kt의 법칙이겠지만 이는 실제 자연 현상과는 배척된다.

이론과 모델

이번에는 뉴턴이 과학의 강력한 특성으로 자리 잡은 그 유명한 일반화의 원리를 밀고 나가(즉 규칙들을 통합하여 점차 통일성을 띠도록 해 나가면서) 어느 한 곳에서의 법칙 즉 지구에서의 법칙은 모든 곳에서도 사실일 것이라는 생각을 세상에 내어놓았다(그 몇십 년 전부터 사람들은 서로 연결된 모든 곳이라는 생각을 나타내기 위해 세상 전체를 우주라고 불렀다). 이러한 가정에서 출발하여 상상력과 수학적 구성으로 도움을 받아(이론) 그는 세상의 모든 물체는(별, 행성, 돌 등) 만유인력이라고 불리는 힘으로 서로 서로에게 영향을 미친다고 결론지었다. 자연계의 물체들이 놀라운 조화 속에서 서로서로 연결되는 이러한 웅대한 통합은 처음에는 가설에 기반을 두고 있기 때문에 거짓으로 판명될 수도 있고 또 반박될 수도 있다(이것이 정확한 실험에 의해서 반박될 수 있고 이 경우 가설은 버려진다). 우리는 이후 전개된 사실을 알고 있다. 수많은 실험이 뉴턴이 옳다고 지지했지만, 아인슈타인은 여기서 더 나아가야 하며 뉴턴의 이론은 자연의 이해에 대해 잠정적인, 즉 필수적이긴 하지만 미완적인 진실 표현이라는 깨달음을 가져다주었다.

수많은 예 가운데 하나인 위의 사례는 과학의 주재료가 무엇인지 잘 보여준다. 과학적 진술의 진위는 자연으로부터 나온다. 그것은 객관적이지만 또한 잠정적이다. 우리의 이론, 요즘에는 보다 겸손하게 모델이라고 말하는 이 이론은 반박될 수 있고, 현실에 대한 모사 혹은 이미지를 제공할 뿐이다. 이것이 인증되려면 -보다 개선될 수 있다는 기대 하에- 여러 차례, 되풀이할 수 있는 실험들로 검증을 받아야 한다. 이러한 이론들은 과거의 현실을 기술함으로써 미래의 현실을 예측하는 데 매우 유용하게 쓰인다.

과학과 마주한 인간

과학이 추구하는 것과 과학의 기능 속에서 결국 "과학이란 인간에게 무엇인가"를 말해주는 이러한 성찰의 마지막에, 과학과 인간과의 관계, 과학이 인간에게 제공하는 것, 인간이 과학에서 기대하고 또한 경우에 따라서는 두려워하는 것 등에 대해 우리는 과연 무엇을 간파할 수 있을까?

과학은 우리에게 세상을 보는 눈을 제공하고 무엇보다 바이올린을 조율하듯이 우리가 지속적인 진화에 잘 적응하게끔 해준다. 과학은 이미 알려진 과학적 법칙, 조화로움, 우아함, 단순함 속에서 우리가 보석과 같은 아름다움과 인간과 자연의 놀라운 협업에 대해 돌아보게끔 해준다. 여기서 자연이란 태초부터 지금까지, 온 우주 속에서, 인간 정신에 의해 독립적으로 창조된 특히 수학이라는 놀라운 눈으로 본 자연을 말한다. 우리가 자연을 완전히 이해하는 것

다시 말해 우리가 다가간다고 생각할수록 우리로부터 멀어져 가는 것처럼 보이는 궁극적인 원인에 대해서는 알 수 없다 하더라도, 과학은 놀랄만한 정교함으로 무생물이든 생물이든 자연 전체를 묘사할 수 있는 능력을 인간에게 준다. 과학은 지성의 엄밀함과 진실을 마주한 겸손함, 진리의 양상에 대한 신념, 독단주의에 대한 논쟁에서 주어지는 절대적인 신선함 그리고 마지막으로 다른 사람들에 대한 존경 등을 추구하는 방식의 윤리를 구축하고 보강한다.

물질과 현상에 대해 과학이 주는 깊숙한 이해 덕분에 과학은 우리로 하여금 자연을 지배하고 이용하며 수많은 물건과 물질과 참신한 상황들을 만들 수 있게 하고 또한 이러한 많은 것들은 인간에게 그리고 인간의 건강과 안락함, 인간의 소통과 여행 능력 등에 이익이 된다. 물론 과학은 또한 염려스러운 면도 제공한다. 우리는 유전자를 조작하고 소비를 위해 동물들을 변형시키며 무시무시한 무기들을 만들어낸다. 과학과 과학적 지식 그리고 그 목적에 대한 어떠한 생각도 인간이 그 지식을 사용하는 방식과 그 사용 방법들에 대한 의문을 없앨 수는 없다.

그러나 무엇보다 과학은 특히 아이들에게는 구체적인 세상으로 다가가게 해주는 경이로운 도구이며 자연에 대항하고 상상력을 키우며 풍부한 문제를 제기하게 해주고 시적인 비전으로 유익한 이웃들 속에서 경험적 사고를 발전시키며 논증하고 의견을 교환하도록 해준다. 인간과 인류의 과거 그리고 인류의 연대에 대한 총체적인 이미지를 묘사하고 인류를 더욱 잘 이해하고 더욱 많이 사랑할 수 있도록.

4부. 어제와 오늘

초등학교 과학 교육의 역사

과학 교육의 의지는 18세기로 거슬러 올라가며
기나긴 진화를 거듭했다.
19세기 사물학습법[12]으로부터 최근의 계발학습법까지
숱한 변화가 이루어져 왔다.
그러므로 오늘날 과학 교육에의 관심은
미국을 따라가려는 단순 욕구에서 생겨난 것이 아니라,
우리의 오랜 전통에 뿌리를 두고 있다.

오랫동안 프랑스에서는 엘리트 교육과 대중 교육을 분리하여 서로 다른 교육 기관에서 담당하였다. 16세기부터 수도회 대교구(특히 예수회) 소속 성직자회는 지식인(성직자이든 속인이든)을 위한 전문 교육을 하나의 임무로 수행하였다. 그리스어나 라틴어로 된 인문학이 중등 교육과 심화 교육을 거쳐 주교나 변호사나 의사가

12) 구체적 사물을 통해 추상적 관념을 이끌어내도록 가르치는 19세기 말 널리 퍼진 학습법

되고자 하는 이들에게 주요 과목으로 군림했고, 이 과정에서 과학은 부차적 위치만 점할 뿐이었다.

동시대, 트리엔트 종교 회의는 숙려 끝에 구교 신교 모두 기독교인의 교육을 학교에 위임하게 된다. 당시 개교한 수많은 소규모 학교에서 제공하는 지식은 최소한의 글을 깨치도록 하는 데 지나지 않았다. 신학 논쟁이 끊이지 않던 시대였기에, 보편성을 잃어버려 소멸되거나 왜곡될 처지에 있는 제례의식이나 원칙들을 교회의 권위가 인증한 경전에서 찾을 수 있도록 초심자들을 교육하기 위함이었다. 기억에 의존하는 것보다 문자는 교리의 자의(字意)를 더 잘 보존해 주었다. 그야말로 문자를 아는 정도에 그치는 문해(文解) 능력은 구교도들을 미사 경전이나 전례 의식에, 신교도들을 시편이나 성경으로 인도하는 결정적 끈이 되어주었다.

보다 깊이 있는 과학 교육에의 관심은 위대한 세기, 17세기 말에 나타났다. 당시 절대주의 국가는 군주의 막강한 힘을 보여주는 군사 시설, 통신 채널, 공공건물, 제조공장을 짓고 관장해 줄 군인, 엔지니어, 기술자와 같은 전문인을 양성할 필요가 있었다. 새로이 등장한 학교는 가난한 귀족 가문 자제들이나 갑자기 신분 상승한 부르주아들에게 수학과 과학을 가르쳐 민간 및 군사 시설을 신기술로 건설하게끔 해주는 임무를 수행하였다. 이 분야로 나아가기 위한 어려운 경쟁시험을 준비하기 위하여 파리와 지방의 일부 대도시에는 종교와 무관한 사립 기숙학교들이 생겨났고 여기서 학생들은 산술, 대수, 기하, 역학, 건축, 외국어, 역사, 지리, 박물학 등 요컨대 달랑베르(D'Alembert), 디드로(Diderot)로 대표되는 백

과전서 학파가 18세기 말에 집대성해 놓은 다방면의 지식을 배우게 되었다. 신교육과정은 대혁명 때 생겨난 폴리테크닉과 같은 그랑제콜 망의 초석이 되는 동시에 (라틴어가 없는) 근대적 중등교육의 장을 열어주었다.

일반 민중의 교육 문제로 들어가 보자. 18세기 장-밥티스트 드 라살르(Jean-Baptiste de la Salle)와 같은 인물은 읽기에 국한된 문자 교육만으로는 기독교인을 길러내는 것은 물론이고, 수차례 위기를 겪으며 가톨릭교회와 멀어진 영혼을 구제하는 데 턱없이 부족하다고 보았다. 내부 선교를 위해서, 장인이나 상점주와 같은 도시 민중 엘리트들에게 종교 교육 외에도 부기, 산술, 회계 등 상업 문화의 기본이 되는 기술을 거의 전문가 수준으로 가르쳐 기독교인으로 거듭나게 하였다. 이때까지 이러한 지식은 서생, 작가, 산술가 같은 동업조합의 전문가를 통해서만 전수되었고, 이들의 활동은 말 그대로 학교 교육과는 무관했다. 아주 뛰어난 학생들은 당시 시행하던 측정법에 필요한 복소수의 사칙연산, 삼각비 법칙, 이윤의 불균등 분배, 통화 결합의 가치 같은 비례 배분, 문제 해결의 기초를 배우기 시작했다. 오랫동안 유리되어 있던 읽기, 쓰기, 산수는 18세기에 들어 바야흐로 국가가 교회로부터 회수한 초등교육을 받치는 세 개의 기둥으로 자리 잡았다.

대혁명은 자신이 꿈꾸던 본질적 개혁을 단행할 시간이 부족했고, 콩도르세(Condorcet)의 교육 계획과 당대 선각자들의 기획이 실현되기까지는 거의 한 세기가 걸렸다. 그러나 19세기 교육 개혁, 특히 1833년의 개혁은 1880년대 제3공화국이 공표한 교육법을 이미 예견해 주고 있었다. 쥘 페리(Jules Ferry)에 의해 공립학교에서 종교 교육이 금지되기 훨씬 이전에도 교육 개혁 때마다 초등학교에서 가르치는 세속 지식의 비율은 점차 높아지고 있음을 알 수 있다.

초등학교에서 과학을 가르치다

초등학교에서의 진정한 과학 교육의 시작은 19세기 중반에 이르러서였다. 그때까지 학교에서의 독서 교육은 종교 서적을 주로 이용했는데 이는 구술 문화 교육이기도 했다. 학생들은 본당 신부 곁에서나 집에서 암송하던 기도문, 미사 통상문, 고해 시편 등을 독서 시간에 읽던 책에서 다시 만나곤 했다. 제 2 제정 시기에 들어서 학교는 고대, 기독교, 농촌 문화를 더 이상 가르치지 않고, 당시 고루한 생각과 의견으로 점철된 농촌의 민중을 새로운 정치 체제와 산업혁명이라는 현대화의 두 물결에 적응시키기 위해 정신과 관습의 혁명을 가르치게 되었다.

이탈리아 원정 후 나폴레옹 3세는 교회와 결별하고, 교회독립주의와 막 태어난 실증주의라는 두 가지 노선을 취하였다. 연이어 두 개의 조처가 단행되었다. 첫 조처로, 1860년부터 각 초등학교에 도서관을 건립하여 학업을 마친 학생들도 새로운 지식을 찾아볼 수 있도록 하였다. 공립학교를 담당하는 교육부가 교육과정의 구성을 관장하였다. 당시의 교육과정은 보나파르트 왕가의 업적이 망라된 작품과 함께 과학과 기술의 이점을 찬양하고 시골 청년들에게 가스등, 밭에 석회 뿌리기, 집안 위생의 혜택을 깨닫게 해주는 계몽적인 작품이 주가 되었다. 우수한 과학자들이 문화 보급자가 지녀야 할 능력을 발휘하고 민중의 교사가 되는데 주력했다. 에첼(Hetzel), 아쉐트(Hachette), 들라그라브(Delagrave) 같은 대형 출판사의 발행인들은 커다란 시장이 형성되는 것을 보고 학교 도서관이나 가정으로 보급될 값비싼 책의 형태로 멋진 삽화가 그려진 매력적인 책을 만들기 위해 서로 경쟁했다. 유명 작가들이 『시냇물의 역사』(엘리제 르클뤼, 파리, 에첼, 1869), 『양초의 역사』(미카엘 파라데, 파리, 에첼, 1865), 『바보 이야기』(장 앙리 파브르, 파리, 가르니에, 1867), 『하늘의 역사』(카미유 플라마리옹, 파리, 에첼, 1872) 등의 이야기를 써서 제 2 제정 및 벨에포크[13] 시대 아이들과 청년들을 꿈꾸게 했다. 이 이야기들은 학교에서 배우는 과학과 기술의 초보 입문서로서 지식의 전시에 특화된 양식을 보여준다.

1860년대 1870년대 교과서 또한 근대의 새로운 지식을 제시하고 있다. 역대의 성공작은 1870년 말 오귀스틴 푸예(Augustine Fouillé)가 브뤼노(G. Bruno)라는 필명으로 쓴 『두 소년의 파리 여행』으로, 2차 세계대전까지 교실에서 사용되었다. 이 시기의 책은 교육적인 이야기를 일련의 일화를 통해 보여주는데, 일화에 등장하는 만남, 경험, 사고들은 그만큼 아이에게 배움의 기회를 제공하였다. 이런 식으로 형성된 지식은 앎을 가져다주는 어떤 사건이 아이 마음속에 각인됨으로써 명료하게 남아 있게 된다.

---

13) 19세기 말부터(1871~) 제1차 세계대전 발발까지(~1914) 파리를 중심으로 문화 예술 과학 기술 전반이 화려하게 꽃피던 시대를 표상하는 말이다.

1870년 독일과의 합병으로 고향 팔스부르를 떠나 조국의 땅 구석구석을 일주하는 두 소년, 앙드레와 줄리앙 덕분에 온 나라의 초등학생들은 다음과 같은 것들을 차례차례 배워 나갈 수 있었다. 북극성으로 방향을 잡기 위해 하늘을 탐험해보고, 폭풍우가 올지 예견하기 위해 구름의 모양을 해석해보고, 잉어인지 송어인지 메기인지를 구별해내고, 치즈 제조의 비밀을 알아내고, 제지 기계나 그 유명한 르크뢰조(Le Creusot)의 증기 망치를 움직이는 원리를 이해하는 법을 배워나갔다. 이후 학교에서 가르치는 지리, 역사, 과학, 기술, 보건 및 도덕은 책을 통해 배운 지식이 아이들의 정신으로 옮겨가 여전히 전통 지식과 신념에서 벗어나지 못하고 있는 가족들을 계도할 수 있으리라 기대하는 복합적 앎의 재료가 되어주었다.

초등학교를 속속들이 변화시키는 두 번째 조치는 자유 제국[14]에서 이루어진다. 빅토르 뒤뤼(Victor Duruy) 장관은 초등학교 수학 연령을 전통 용어로 말해 성체배령 나이[15] 너머로까지 연장한다. 처음으로, 생활 전선에 들어선 청년들이 일이 끝난 다음 저녁 반에서 학업을 계속할 수 있게 되었다. 저녁 반에서는 기초 지식(철자법, 문법, 산술)을 강화하고 신지식을 접하게 되었는데, 사실상 독학으로 공부한 교사들이 가장 효율적인 지식의 매개자가 되어주었다. 토양 개량이나 직물 염색을 설명하기 위하여 화학을, 누에의 미립자병이나 포도나무 뿌리 진디병이 생기는 원인을 알기 위

14) 제 2 제정 후반기를 말하며 1860~1870년에 해당한다. 나폴레옹 3세는 전반기의 권위주의를 버리고 점차 자유주의자의 생각을 받아들여 상공업의 번영을 도모한다.

15) 첫 영성체에 해당하는 성체배령은 12살을 기준으로 한다.

해서 자연사를, 금속에 가해지는 열의 효과나 동굴의 궁륭(穹窿, 둥근 천장)에 가해지는 힘의 구성 원리를 이해하기 위해 물리를 다루었다. 어린 청년들을 위해 마련된 이 수업에서 교사들은 기초적 수준을 넘어서는 보다 복합적인 지식을 가르쳤다.

제 2 제정 후에 들어선 제3공화국에서는 점점 더 지식을 추구하는 인구를 맡아 가르칠 수 있도록 동일한 노선을 취했다. 이리하여 1882년에 이르러 적어도 6살부터 12세까지 아동을 대상으로 의무, 무상, 비종교 교육을 실시하는 초등학교라는 거대한 지식의 네트워크가 펼쳐지게 되었다. 2살부터 7살 도시 아이들이 앞다투어 다니기 시작한 유치원에서부터 초등 교육 이수증이 나오는 초등학교, 상급 초등학교[16], 초등교사 양성 학교, 쌩끌루와 퐁뜨네의 초등 사범학교를 위시한 전국의 초등학교 조직은 교육과정 안에 과학과 기술 과목을 편성하였다.

물론, 성인들의 사생활이나 직업 세계에서 보다 효율적으로 작동하는 유용한 지식이 있을 것이다. 그렇다 하더라도, 초등학교에서 배운 지식, 지식이 전수되는 방식, 교사들이 갖는 교육에 대한 자부심은 20세기 초입부터 초등학교 문화의 어떤 기준과 스타일을 만들어 주는 데 일조하였다. 초등학교는 중학교나 고등학교보다 더 빨리 합리적 가치, 과학과 기술, 앎의 효율성 등 한마디로 근대성을 찬양하는 장이 되었다. 이와 동시에 이러한 근대성은 농촌 사회에 잠식되어 있는 의고주의(擬古主義)와 문학 교육을 통해 교양

16) 프랑스에서 1833부터 941년까지 존재했던 기관으로, 초등학교 졸업 후 2년간의 보충 심화 과정인데 이를 중등교육으로 분류하지 않는다.

인을 길러내려는 중등교육의 지배적인 미학과 대립하였다.

사물학습법

이러한 시각에서, 초등학교 과학은 단순히 교과 지식을 전달하는 데서 벗어나 총체적 병합을 모색하며 지식과 지행(知行)의 전달 모델로서 어떤 주의를 표방하게 되는데, 사물학습법이 바로 그것이다. 이 방식의 성공이 지속되며 그것의 유래가 가려지는가 하면 의미에 변형이 생기기도 했다. 사물학습법이 미친 영향을 제대로 이해하기 위하여 그것이 태동한 시대를 돌아볼 필요가 있겠다.

사물학습법은 19세기의 긴 흐름 속에서 영국과 미국에서 빛을 보게 되었다. 이 방식은 데카르트식 합리론이라든가 프랑스에 비해 독일 철학의 영향이 덜한 이들 나라에서 널리 퍼진 경험론과 공리주의 안에서 자연스레 자리 잡게 되었다. 사물을 통해 배운다는 것은 가시적 현실에서 어떤 물체와 현상 사이의 명백한 관계를 읽어내는 일이다. 초등학교에서부터, 아이들에게 주변에서 볼 수 있는 물체의 특성을 올바로 인지할 수 있도록 오감을 사용하고, 살아가고(자연사), 기능하고(예술 및 기술), 변화하는(물리) 환경 속에서 자신이 존재하는 방식을 읽어내도록 가르쳤다. 사물학습법의 핵심어는 "용도"라 하겠는데, 이는 어떤 작용을 하는 물체의 특성을 일컫는 말이다. 이 학습법의 전개 순서는 매우 단순하다. 가장 뚜렷한 특성을 보여주는 가장 평범한 용도에서부터 시작해서, 복잡하고 불분명하지만 그래도 아이들이 해볼 만한 수준의 용도와 특성 순으로 주의 깊게 선별할 것. 예컨대, 낙타에 관한 학습 (또한 사막에 대한 학습)에서는 낙타의 혹을 관찰하고 물이 없는 데서 사는 짐승들에게 혹이 하는 역할을 설명하는 것으로 시작한다. 이어서, 고르지 않은 땅을 이동하는 데 최적화된 발굽, 모래 폭풍을 견딜 수 있도록 해주는 눈꺼풀이 달린 눈, 그리고 무릎을 잘 굽힐 수 있어 그 큰 키에도 불구하고 짐을 실을 수 있는 놀라운 능력을 보유한 짐승이게끔 해주는 두꺼운 무릎 관절 등을 다루는 식으로 접근한다.

당시 학교 교육에서 한창이던 이미지로 대체하는 것이 무리가 없다면, 사물학습법에서 반드시 실재하는 사물을 다루어야 할 필요는 없다. 또한, 이 방식은 동물학도 지질학도 기후 연구도 아니며, 세계와 인간이 세상을 이용하는 이치를 이해하려는 노력이다. "과학"은 엄밀히 말해 시간이 지나야 정체가 드러나는 것이므로, 교수자는 자연의 원리까지는 아니더라도 사물이 갖는 의미에 대해 지적으로 열려있어야 한다.

19세기 후반을 통틀어 주요 지표가 되는 영국의 철학자이자 교육자인 알렉산더 베인(Alexander Bain, 1879년 파리 알칸사에서 간행된 『과학 교육』의 저자)과 생각을 같이하는 주창자들에게 있어, 사물의 관찰은 경우에 따라 사물에 대한 행위 즉 실험이기도 하다. 그러나 물리학자나 화학자의 실험 프로토콜은 모델로 자리잡지 못했으며, 수십 년 후에나 대중화되는 당시 태동 단계인 생리학은 말할 것도 없었다. 찻주전자를 이용하여 정수역학(靜水力學) 개념을 실험하고자 한 알렉산더 베인의 생각은 신중한 것이었다. 그가 모델로 제시한 학습법은 우리의 관심을 끈다. 그러나 이 방식은, 액체 표면에 대기압의 작용을 지배하는 물리 법칙을 이해하는 직관을 학생들의 마음에 심어주기보다는, 놀라움에 이어서 경험적인 앎을 얻게 되는 생생한 "실험"을 하게 하는 것이었다. (찻주전자의 몸통과 주둥이에 같은 높이의 액체가 있다. 둘 중 한 곳에 액체를 더 부으면 높이는 양쪽에서 동시에 평형을 이룬다. 찻주전자를 기울이면, 주전자 안의 액체는 양쪽이 서로 다르게 굽은 U자형 유리관 속에 물을 부을 때와 같이 움직인다.)

여기서 실험은 어떤 가정을 확인하거나 부정하기 위함이 아니다. 실험의 목적은 내버려 두면 주의를 기울이지 않을 현상들을 아이로 하여금 관찰하게 하는 데 있다. 사물학습법은 반복을 통해 차츰 명확한 인과 관계나 법칙을 끌어낼 수 있는 경험적 자료를 구축하는 타당성 있는 관찰의 축적이라고 하겠다.

자연스러운 결과이겠으나, '보육' 교실 즉 유치원은 사물학습법의 개방적 시각을 가장 먼저 수용하였다. 1847년 파리에 설립된 보육 학교 교장을 오래 역임한 마리 빠쁘-까르팡티에(Marie Pape-Carpentier)는 이 방식의 열렬한 지지자였다. 그녀는 용도의 명시화를 강조하던 당시의 시각을 사유능력이 모자라는 어린 아이들에게 보다 적합한 감각적 접근 방식으로 전환하였다. 협의의 사물학습법보다 나은, 감각을 통한 교육은 장-자끄 루소(Jean-Jacques Rousseau)에서부터 꽁디악(Condillac)에 이르기까지 어린 아이는 원리보다 직관을 통해 배운다는 사실을 받아들인 우리 전통 속에 나타나며 기록으로 남아 있다. 알고 싶은 사물이나 현상을 만지고, 맛보고, 느끼고, 보고, 듣는 감각을 통한 이 교육법은 신앙으로 충만한 19세기에 유행한 영신수련법[17]을 떠올리게 한다. 끝으로, 사물학습법은 단어 학습법이기도 하다. 지시하는 대상 자체의 정확한 현실과 주요 특성을 오류 없이 옮길 수 있도록 언어를 가다듬는다. 이 때문에 유치원에서는 사물학습법에 관심을 보인다. 아이는 느끼는 동시에 말하는 법을 배움으로써, 한꺼번에 세상을 엄정하게 내면화 할 수 있게 된다.

이 시기 과학 교육의 주요 특징은 교육과정에 부과된 현상이나 사물을 관찰하고 명명하는 일과 이를 말로 표현해내는 작업 사이의 연계성을 강화하는 데 있다. 엄밀히 말하자면 실험은 30년대의 사물학습법에서 그다지 큰 비중을 차지하지 않는데, 이는 50년대도 마찬가지다. 교사는 상급 초등학교나 사범학교에서 사물학습법의 운영 방법을 어느 정도 배웠다. 연중 학사 일정에 공식적으로 부여된 특별 수업에서 학생들 앞에서 시연하는 데는 문제가 없었다. 유리 뿔에서 나오는 알코올 증기를 충분히 식히기 위해서는 약간의 손놀림이 필요하지만, 와인 증류는 언제나 큰 성공을 거두었다. 수조에 거꾸로 담근 시험관으로 하는 산소 연소 실험 또한 초등학교에서 행하는 단골 메뉴였다.

가용할 수 있는 인력이나 재료보다 학생들 앞에서 실제로 해보는 것이 더욱 중요하다. 교사가 칠판에 그리는 그림은 실험에서 무엇을 보았으며 무엇을 기억해야 할지 말해준다. 공책에다 선생님

---

17) 로욜라의 성 이그나시오가 창안한 영신수련은 특별한 생활규칙을 따르려는 사람들이 하느님의 뜻을 발견하고 영혼을 준비하는 데 필요한 기도, 묵상, 관상, 영적 독서 등의 영신적 방법들을 말한다. (역자주, 가톨릭 대사전 참조)

의 말씀과 오늘의 활동을 요약해서 쓴다. 보다 평범한 수업에서는 각자 교과서에 실린 실험 이야기를 읽고 그림에 실린 여러 가지 단계를 관찰하는 데 그친다. 글과 그림의 연계성, 명쾌한 설명은 아이들에게 제시된 내용을 믿게끔 해준다. 때로, 슬라이드 필름이 간혹 지루하게 느껴지는 세션에서 영상을 보는 즐거움을 더해준다.

수집품과 학교 박물관

프랑스에서 사물학습법은 실제 조작보다는 전시장 설치로 연결된다. 제3공화국의 공문서를 통해 널리 권장된 학교 박물관은 일단 호기심의 창고였다. 계몽주의 시대 학자처럼 마을의 교사들은 관찰해볼 가치가 있는 물건들을 진열대에 차곡차곡 모아 놓았다. 소박한 학교 박물관의 건립은 무엇을 이해하려면 눈으로 보아야 하고, 주의 깊게 골라 잘 진열해 놓은 사물들을 통해 이성적 사유를 할 수 있고 이는 곧 지식으로 연결된다는 생각에 기반을 두고 있다. 전시 주제는 지역이 가지는 풍요로움에 따라 다르다. 아르데슈(Ardèche) 도의 저지대 계곡과 도르도뉴(Dordogne) 지방에서는, 벼락으로부터 곡물을 지키고, 전염병으로부터 가축을 지켜주는 신통력을 지닌 물건으로 간주되는 마제 도끼와 간 부싯돌이 고대 인간 활동의 흔적을 말해준다. 이와 달리, 개미의 끈질긴 공격으로 앙상하게 드러난 동물의 두개골은 인간이 신의 섭리로 태어난 게 아니라, 파충류의 두개골을 새와 새의 두개골을 포유류와 비교해 볼 때, 인간이 진화의 마지막 고리일 뿐임을 보여준다. 19

세기 전기에는 여전히 천지창조의 아름다운 질서를 경배하고 있었으나, 제3공화국에 들어서서 -프랑스에서는 다윈(Darwin)보다 라마르크(Lamarck)를 선호하긴 했으나- 진화론과 같은 신사고가 앞서가게 되었다.

사물학습법과 과학 교육은, 교수법과 초등 교양이란 말이 생겨난 1880년부터 1925까지 내내 보조를 같이하였다. 세계대전이 끝날 무렵 프랑스에서 의무교육은 이제 법규가 아닌 현실이 되었기에, 입법부에서는 초등 교육과정을 제정하지 않을 수 없었다. 1925년 폴 라피(Paul Lapie)의 주도 아래 초등 교육과정이 문서로 등재되었고, 이는 최소한의 수정을 거쳐 1970년대 말까지 효력을 발휘하게 된다.

물질의 학습이 실행하기 까다로운 성질의 것이라면, 기초 동물학, 기초 식물학과 같은 생물의 학습은 당시 초등교육의 목표와 수단에 잘 맞았다. 국가 수준 교육과정은 1945년(유관 과학인 물리와 화학은 초등학교 영역이 아니었다), 이어서 1957년(물리 현상에 치중한 구 교육과장에서 공기와 연소, 물과 상태 변화 학습만이 초등 고학년에서 채택되었다)에 제정되었다. "자연"은 사물학습법에서 그야말로 돋보이는 교과 영역이다. 사실상 식물과 동물은 아이들의 수중에 비교적 쉽게 주어진다. 아이들은 탐구하고 조작하는 활동을 하며 각 부위를 구별하고 명칭을 배우는데, 교사는 기능이나 용도를 밝혀주기만 하면 되었다. 사과는 익숙한 물체지만, 가로로 잘라보면 장미꽃 모양의 씨방과 그 안에 들어 있는 씨를 볼 수 있다. 이때 사과는 새로운 단어를 사용하여 묘사하고 단단한 연필로 그려낼 줄 알아야 하는 낯선 물체로 다가온다. 올챙이의 변태와 완두콩의 발아 단계도 같은 훈련의 장이다.

교과서 저자들은 이 과정이 아이들의 흥미를 불러일으키고, 교사들이 주의를 기울일 만한 가치가 있다고 보았다. 이 과정은 교실에서 작물을 키우는가 하면 "환경 학습"이라는 이름으로 아이들을 늪가로 데려가기도 하였다. 환경 학습은 오래지 않아 폐기된 1945년 교육과정보다 1950년대 청소년 운동에서 주목하고 있다. 1950년대 말 시작된 청소년 방학 캠프는 여가 활동의 장에서 특히 과학을 가까이 할 수 있는 길을 열어주었고, 환경 학습은 능동적 교육 방법 훈련 센터(CEMEA) 같은 단체의 주요 교수법 중 하나이기도 했다.

사물학습법을 다룬 교과서들을 훑어보면 사물을 제시하는 방식에 놀라게 된다. 중학교 및 초등 보충 반에서 배우는 과학 교과 어디서도 가르쳐야 할 지식의 순서를 부여하지 않았다. 문서화된 교육과정에서 항목을 명시하지 않았기에, 교사들이 그러하듯 출판사도 자유를 누리며, 교과서는 명확한 논리 없이 아이들의 구미에 맞는 "사물들"을 잡다하게 늘어놓았다. 여기서는 "생물 주제"에 따라 사물학습법, 오늘의 읽기, 금주의 쓰기가 전개되는가 하면, 저기서는 고대로부터 내려오는 노동과 나날[18]의 전개 순서에 따라 절기가 학습의 리듬을 만들어간다. 개학 시즌이면 아이들이 찾게 되는 분필이나 연필심, 그리고 밤이나 포도 등은 분명 가을에 적합한 사물이다. 오렌지는 양모와 같이 성탄 시즌에 공부하는데, 옷

18) 고대 그리스의 역사학자 헤시오도스의 『노동과 나날』을 인용한 표현

감을 다루는 참에 면(綿)도 첨가하는 식이다. 봄의 대청소가 비누를 상기시키면, 여세를 몰아 치아 위생과 피부 위생을 다룬다. 4월이면, 정원이나 작업실 용구들을 점검하면서 톱이나 칼날 같은 공구들을 공부한다. 5월은 채소와 과일류를 다루기에 적합하고, 6월에는 개, 고양이, 토끼, 참새와 같은 동물을 다루며, 여름이 오면 꿀벌과 수확으로 이어진다.

초등학교 "과학"은 어린 학생들은 물론 교사들도 멀게 느낄 만큼 점점 복잡해짐으로써, 진정한 과학에의 입문이라기보다는 세상을 받아들이는 하나의 방법에 속한다고 하겠다. 이 점에서, 과학은 아이에게 일상에서 만나는 물건이나 현상에 대해 어느 정도 거리를 두고 목적에 따라 일관되고 정보를 담은 말을 하게 하는 데 기여한다. 사물학습법은 교사, 학부모 또는 동료가 공유하는 기초지식의 싹을 틔우게 해주는 부식토가 된다. 이는 "초등의" 특성이 잘 녹아 있되 보다 엄하고 보다 박식한 새로운 모험의 문을 점진적으로 열어주는 "교양으로서의 문화"를 만들어주는 아주 단순한 지식을 말한다. 일반 대중을 위한 전문 잡지들, 통신 판매 시장을 장식하는 무수히 많은 백과사전류는 바로 이 원초적 지식을 보존하고 살찌운 것들이다.

계발 활동

이러한 조건 하에서, 60년대 말 몇몇 사범학교 교사와 국립교육연구소 연구원들이 주창한 방안 즉 초등학생들에게 스스로 문제를 제기하고 해결해 나가는 식의 "과학적 태도"를 길러주자는 계획은 야심 차게 출발하였다. 세 교과군[19]과 계발 교과에 대한 실험은 오래 가지 못하고 폐기되었으나, 교과마다 구체적 목표를 설정하고 해당 교과의 실패 원인을 찾아보고자 했다는 점에서 의의를 찾을 수 있다.

세 교과군을 탄생시킨 1969년 8월 7일자 법령에 의하면, 계발 교과(문서상 용어는 계발 활동)군에는 역사, 지리, 과학에 이어 공작(工作), 미술이 포함되었다. 이 제도는 국어와 수학이라는 소위 도구과목의 위상을 드러내주는 한편(세 교과군은 국어와 수학, 계발 교과들, 체육으로 구성됨), "내용 위주" 교육 전반에서 교사들이 간과하고 있던 양성의 측면을 되살리고자 하였다. 앙리 왈롱(Henri Wallon)[20], 장 피아제(Jean Piaget)[21]의 연구가 조명을 받던 시대 조류에 따라 아이들이 몸소 경험해 보게 하는 방식이 교수법 혁신의 핵심이 되었다.

1, 2차 세계대전 사이에 셀레스탱 프레네(Célestin Freinet)와 같

19) «le tiers-temps pédagogique»를 세 교과군으로 번역하기로 한다. 교과군은 교육 목적의 근접성, 학문 탐구대상, 방법상의 인접성, 실제 생활양식에서의 연관성 등을 고려하여 광역군 개념으로 유목화하는 개념이다. 세 교과군은 기초 교과군(국어와 산수 15시간), 계발 교과군(역사, 지리, 실험과학, 미술, 음악 6시간), 체육(6시간) 교과군으로 구성된다.

20) Henri Paul Hyacinthe Wallon (1879~1962): 프랑스의 철학자, 심리학자, 신경정신과 의사, 교사, 정치가로서, 아동의 성격 형성을 발달 단계별 연계성으로 설명하였다.

21) Jean Piaget (1896~1980): 스위스의 철학자, 발달심리학자. 그의 아동 발달 이론의 핵심은 '동화', '조절', '균형화' 과정에 담긴 '인지갈등'에 있다. 단순히 지식을 수용하거나 표상하는 것이 아니라, 동화와 조절이라는 내적 조작 과정을 통해 이루어지는 인지발달은 본질적으로 구성적인 것이라 보았다.

은 교육운동가들이 주창한 "신교육론"은 앞선 방법들을 공교육 안으로 끌어들였다. 이는 단지 아이들이 배운 것을 익히고 숙제를 하게 하는 것이 아니라, 아이들의 지적 능력을 키워주고 아이들이 겪게 되는 여러 가지 경험과 문제 해결 과정에서 응용 가능한 학습 방법을 익히도록 하는 것이었다. 기술의 혁명과 경제 성장이 가속되던 이 시기에 과학적 태도는 과학 기술은 물론 역사와 지리 심지어 전통 문법을 새로운 언어 과학으로 대체하고자 했던 프랑스어 분야에 있어서까지 최상의 추종 모델이 되었다. 아이에게 필수적인 하나의 언어로 간주되는 수학은 창의성, 엄밀성, 합리성을 필요로 하는 문제 해결 측면에서 진정한 의미를 찾게 되었다.

이러한 현대적 교육에 이어 중학교로의 진학이 증가함에 따라 중등과정에서 배워야 할 과학 지식의 모델이 투명하게 제시되었다. 게다가, 1969년부터 초등 사범학교들이 대학입학 자격시험 준비반을 폐지하고, 고1, 고2, 고3 교원 자격증을 소지한 이곳의 교수들이 교사 지망 학생들의 전문적인 양성을 맡게 되면서, 중등학교 체제가 아닌 대학에서 수학한 교사 문화를 초등학교에 들여오게 되었다(당시 사범학교 학생은 전원 M과정에서 수학하고, 대다수가 실험과학 계열 대학입학 자격시험에 응시하는 풍토였었다).

처음에는 생물 교과가 개혁의 수혜자였다. 초등 사범학교에서 공작이 점차 기술로 대체되는 개혁의 와중에서 담당 교수, 물리-화학 선생, 공작 선생 간에 교과의 책임 분담을 놓고 의견이 분분하였다. 19세기에 생리학이라는 학문적 모델이 만들어지면서 '실험가'의 전형이 신화적인 모델로 등장하였다. 이제 모두가 자연이란 제대로 질문이 주어지기만 하면, 가시적인 특징을 들어 답할 수 있다는 사실을 아이가 증명해 낼 수 있도록 가르치길 꿈꾸었다. 과학 서적을 탐독하고, 모델의 예측능력을 탐구하고, 끈기 있게 실험을 되풀이해나가는 연구 풍토는 클로드 베르나르와 파스퇴르 같은 생리학자들이 이룩한 기적 같은 사례들이 대중에게 회자되며 잊혀져갔다. 이들 생리학자의 연구 또한 과학적 오류들을 제거해 나가는 가운데, 기존의 연구를 재구성하여 자신의 발견을 이끌어 냄으로써 가져온 진일보임은 물론이다.

사물학습법은 아이가 좋은 관찰자가 되길 원한다. 이에 더해 계발 교과군은 아이에게 창의성과 엄정한 실험 자세를 길러주고자 한다. 따라서 교육 방식은 세 단계로 나눌 수 있다. 첫 단계에서는 아이의 체험과 즉각적인 표현에서 출발한다. 이어서, 정교한 질문을 통해 기존 지식의 모순점을 드러나게 한다. 어떤 문제를 설정하게 되는 때가 바로 이 지점이다. 두 번째 단계에서는 이렇게 한정한 문제를 관찰하고 필요한 실험을 하면서 분석한다. 언제나 잠정적이긴 것이긴 하지만, 어떤 해결책이 얻어지면 얻은 지식을 조직화해야 한다. 세 번째 단계에서는 진전된 사항을 구체적으로 기록하고(초안, 표, 그림, 경험 보고서), 새롭게 알게 된 지식을 암기하고 평가하는 작업을 하게 된다.

문제점과 위험

"사물"과 그것의 용례를 다루는 문화로부터 현상을 이해하는 데 적용되는 "앎의 방식"의 문화로 이동하게 되면서 몇 가지 문제점이 생겨난다. 첫째, 장 피아제(Jean Piaget)의 조작 심리학에서 말하는 학습의 개념과 학습 현장의 교수 모델 사이의 모순이다. 아이에게 유치원에서부터 계발 활동을 가르치지만, 아이는 실상 청소년기가 되기 전까지는 추상적인 조작 단계에 이르지 못한다. 당시 비고츠키(Vygotsky)는 프랑스에 소개되지 않았고, 앙리 왈롱의 책에서 아이와 성인의 상호작용이 지식 구성의 원동력이 된다는 글을 읽은 사람도 드물었다. 둘째, 아이에게 제공된 앎의 방식이 어떤 인지적 성과를 가져오느냐에 관한 것이다. 사물학습법을 통해 아이는 주변의 사물을 탐구하고 직접적인 경험에 흥미를 갖게 된다. 과학의 가장 추상적인 개념인 계발 방식에서 가장 어려운 문제는 어김없이 아이의 질문에서 튀어나온다. 예를 들어, 생물학적 조작은 생명이라는 어마어마한 개념을 논하는 것으로 귀착된다. 셋째, 혁신은 혁신을 명료하게 도모하는 일을 하는 사람들의 집단에서 나온다는 점이다. 초등학교 교사들이 아이들이 타고난 예측 불가한 물음에 답할 수 있도록 충분히 무장되어 있을까? 조작과 실험 중심의 교육법에서 교과서에 어느 정도의 위상을 부여해야 할까? 그러한 수업을 이끌어 갈 수 있도록 교사들에게 어떤 교육을 해주어야 할까?

1975년, 중학교 개혁에 앞서, 교육부는 천신만고 끝에 제정한 수학과, 국어과 교육과정을 공시하였으나, 애써 만든 계발 교육과정의 시행을 늦추었다. 이는 마르셀 루쉐트(Marcel Rouchette)가 의장인 교육위원회 보고서에 따라 제정된 국어 교육 개혁안에 저항하는 언론 캠페인이 무섭게 확산되었기 때문이다. 초등 교육이 나아갈 새 방향에 대한 사회적 합의는 실로 요원하였고, 각양각색의 압력 단체들이 이러한 기류를 무력화시키는 일이 발생하였다. 많은 이들이 68운동의 산물로 믿고 있지만, 사실 이러한 기류는 68운동보다 앞서 제시되었다.

르네 아비(René Haby)[22]가 중학교 체제를 새롭게 편성하고, 초등학교만이 의무교육의 첫 계단이 아님을 설파할 무렵인 1977년부터 국가 수준 교육과정이 시행되었는데, 이는 70년대 교육 개혁의 본질과 그에 따른 모순을 함께 담고 있었다. 이 교육과정은 여론의 비판을 잠재우기 위해, 앎의 방식은 그 자체가 목적이 아니며, 다른 모든 교육 방법론과 마찬가지로 아이들이 지식을 습득할 수 있도록 해준다는 점을 명문화하였다.

초등학교 역사상 처음으로 물리, 기술, 생물을 "실험과학"이라는 명칭으로 묶어 균형 있게 가르치게 되었다. 주창자들이 간단하게 정의한 과학적 자세는 "탐구심과 창조성"뿐만 아니라 "비판 정신, 객관성과 엄밀함의 추구"까지 함의한다. 계발 활동이 진정한 개화에 도달하는 5, 6학년에 이르러 앎의 방식은 선행 학년에서 슬쩍

22) René Haby (1919~2003): 프랑스의 정치인, 교육부 장관 재임(1974~1978) 중 교육의 민주화 특히 중학교 의무교육을 위해 노력했다.

맛본 세 단계가 보다 상세하게 전개된다. 아이들이 실험으로 인해 더 많은 난관에 봉착하고, 셀레스텡 프레네(Célestin Freinet)가 즐겨 사용했던 "암중모색"에 그치고 말지라도, 실험이 앎의 과정 한복판에 자리 잡아야 한다. 그림, 도식화, 정보 수집 활동이 중요시되는데, 이러한 작업은 교육적으로도 흥미롭지만, 수행 작업 전체를 "증언해주는" 장점을 지니기 때문이다.

이 교육과정의 출시는 여기서 추구하는 앎의 방식 자체에 대한 거센 부정적 반응을 불러왔다. 일부 소식통은 초등학교 본연의 임무는 이런저런 어려움이 있을지라도 반드시 완수해야 하는 과업, 즉 읽기, 쓰기, 셈하기를 가르치는 것이라는 비판자들의 시각을 전하기도 하였다. 중등 및 대학 교과과정에 편성된 전통 교과로부터 유래하는 지식을 가르치는 일은 오롯이 중학교의 몫이었다. 초등학교 교사는 다면성으로 인해 생물, 물리, 기술 교사라는 직함을 갖지 못했다. 그렇지만 적어도 아이들이 양질의 교과서를 읽고 이해하도록 교사들이 가르쳐 주기를 기대한다. 교사는 아이들의 상상력이 멋대로 떠돌아다니는 위험을 방치해서는 안된다. 교사가 교과에 유능하지 못하면 기대하는 앎의 방식을 수행할 수가 없다(이 당시 양질의 교육을 보장하기에 중등 일반교과 교사들의 자격이 미달이라는 언론의 맹렬한 비난이 쏟아졌다). 행정기관, 노동조합, 교수법 학자 및 국립교육연구원 연구자들도 같은 취급을 당했다. 언론인과 각계 지식인들의 입장에서는 르네 아비가 추구한 개혁은 이와 관련한 교육과정이 그러하듯 구조적 혁신(오직 중학교) 속에서 학교를 죽음으로 몰고 갈 뿐이었다. 장-클로드 밀네(Jean-Claude

Milner)의 『학교에 대해』(Seuil, 파리 1984)는 이 시기 가장 많이 언급된 견해들을 명료하게 요약해준다.

"읽고, 쓰고, 셈하기"를 다시 보다

연신 공격을 받으며 초등학교는 자신의 껍질 속에 웅크리게 된다. 교육과정 전반이 폐기되고, 과학, 역사, 지리, 시민교육, 예술 활동은 늦은 오후 휴식의 시간에 배정되었다. 같은 해 문맹에 대한 사회적 관심으로 초등교육에 비난이 쏟아진 만큼 교사들은 의도적으로 몇몇 핵심 실습 활동을 제한하였다. 실상 아이들이 학교에서 읽는 법조차 정확히 배우지 못한다면, 그토록 실행하기 어려운 지식과 방식을 아이들에게 가르치려 애쓰는 것이 다 무슨 소용이란 말인가?

1985년 장-피에르 슈벤망(Jean-Pierre Chevènement)이 입안한 교육과정은 세 교과군과 계발 과목의 실패를 인정하고, 초등학교는 특히 과학과 기술 분야에서 엄정한 지식 교육으로 회귀할 것을 요구하였다. 초등 1학년에서부터 개념적 교육과정이 제시되었다. 실험적 방식은 사라지진 않았지만 그 위상은 중심으로부터 멀어졌다. 사실 이미 너무 늦어버렸다. 교사들은 자신의 노력을 쓰기나 산수보다는 읽기에 집중하는 습관이 들어버렸다. 정식 교육과정이 공표 시행되고 있음에도 불구하고 과학, 역사, 지리는 부차적인 활동이 되어버렸다. 이들 과목이 다시 생기를 띠려면 몇 년이 흘러야 한다.

돌아보건대, 계발 활동의 시도는 실패라기보다는 오해에 가까웠다. 중등교육의 대중화와 교육과정의 보편적인 연장이 초등과 중등 교육의 관계를 새로이 정립하도록 요구되던 때, 초등학교 과학 교육은 교차하는 위기 상황에서 희생양이 되어 버린 것이다. 이후 초등교사 모집 요강이 크게 바뀌어서 지금은 교사의 학문적 수준이나 품격이 중등 교사 모집 요강과 같아졌다. 학교에 대한 토론도 관점이 바뀌었다. 그러므로 이제 초등학교 과학 교육을 위한 새로운 출발을 기대해도 좋을 것이다.

프랑스 아이들의 과학 지식

아이들은 엄밀한 의미에서의 과학 지식보다는
방법을 찾거나 자료를 다루는 데 더 능숙하다는 것을
보여주는 많은 연구가 있다.
다른 나라와 비교해 볼 때,
프랑스 아이들은 수학의 수준은 상당히 높은데,
자연과학의 수준은 한참 떨어진다.

평가는 정기적으로 어떤 기본 틀(프로토콜)에 따라 진행되는데, 이는 해당 과목과 교과 교육과정 제 분야에서 학생들의 수준을 평가하기 위해 고안된 일련의 질문과 연습문제 전체를 이르는 말이다. 시간별, 나라별로 동일한 테스트가 여러 시대에 걸쳐 여러 장소에서 행해졌다. 전자는 지식의 변화 양상에 대한 물음에 답하기 위해서였고, 후자는 교육제도의 분류 목적이 아니라 프랑스의 제도가 어디쯤 위치하며 다른 나라의 성공 사례를 살펴보고 이해하기 위해서였다. 나라마다 교육과정이나 운용방식이 상이해서 나라별 비교에는 어려움이 따랐다.

이 유형의 다른 평가들은 초등학교 학생들을 대상으로 한 과학 교과(물리학, 화학, 생물학, 지구과학)에서는 추진되지 않았다. 반면에 80년대에 시행된 여러 평가는 중학교를 졸업하는 학생들과 13살 즉 중학교에 막 들어간 학생들의 수준을 보여준다. 이 학생들의 교육은 여기에 요약되어 있고 초등학교에서 배우게 되는 지식을 보여준다.

이런 유형의 평가는 초등학생 대상의 과학 교과(물리, 화학, 생물, 지구과학)에서는 일절 추진되지 않았다. 반면 80년대 시행된 몇몇 평가는 중학교 졸업반 학생들과 13살(중학교 초반~중반) 학생들의 수준을 보여준다. 이들의 교육 실상은 이 장에 요약되어 있으며, 이를 통해 초등학교에서 배워야 할 지식이 무엇인지 알 수 있다.

일반계 중3의 과학 지식

["일반계 중3의 과학 지식", 드쉬스 주방소 뮈라, 안내서 96-36, 교육부 비전 및 평가과, 1996년 8월]

생물과 지구과학에서 3학년 졸업반 학생들은 평가 항목의 57%를 맞추었다. 문제의 난이도에 좌우되기 때문에 해석하기 어려운 이 결과 외에 두 가지 결론을 내릴 수 있다. 첫째, 학생들이 과학 지식보다는 과학의 접근 방법과 자료 처리에 대한 문제를 더 잘

푼다는 점이다. 또한, 학생들은 이론을 묻는 시험보다는 실습을 더 잘했다. 둘째, 3대 계획 - 지식, 정보 처리, 실습 - 에 대해서는 10년 전보다 지금의 결과가 더 좋다는 점이다. 1984년과 1995년 중학생을 대상으로 같은 문제로 실시한 결과 정답률은 46%에서 50%로 올라갔다. 따라서 생물과 지구과학에서 학생들의 수준은 약간 높아진 것으로 볼 수 있다.

물리와 화학에서 정답률 평균은 48%이지만 여기에는 어느 정도의 편차가 있다. 화학보다는 광학, 역학 그리고 전기에서 정답률이 더 높았다. 지식과 실험 방식에 대한 서술 평가보다는 일련의 실습에서 더 좋은 평가를 받았다. 대체로 엄밀한 의미에서의 과학적 사고와 추론보다는 직관적 지식과 기계적 생각 등에서 앞섰다. 학생들은 자주 질량과 무게를 혼동하고 속도와 가속도를 그에 해당하는 공식의 사용이나 활용 없이 직관적으로만 알고 있었다. 물리학과 화학에 대한 중학교 졸업반 학생들의 수준을 알아보는 이번 평가는 1995년에 새로 시행되었기 때문에 변화 추이를 찾는 것은 불가능했다.

13세 중학생의 과학 지식

["13세 중학생 대상의 수학 및 과학 교과 국제 평가", 주방소, 연구보고서 402호, 교육부 비전 및 평가과, 1992년 3월]

13세 즉 중학교 입학생들의 과학 수준을 알아보기 위한 국제 평가가 최근 실시되었다. 평가 매뉴얼이 되는 문제는 참가국끼리 절

충한 결과물로 프랑스의 교육과정과 완전히 일치하지는 않는다. 그런데 여기서 도출한 주요 결론은 애매모호하지 않다. 다른 나라들과 비교하여 프랑스 학생들이 과학을 잘하지 못한다는 것이다. 아시아(한국과 대만), 스위스, 헝가리 학생들보다 수준이 현저히 떨어지며 중간 정도에 머무른다. 예를 들어 프랑스 학생의 정답률은 캐나다, 스코틀랜드와 같이 69%인 반면 한국은 78%, 대만은 76%, 스위스는 74%였다. 수학과는 확연히 대비된다. 즉 같은 시기에 시행된 수학 평가에서 프랑스 학생들은 선두 그룹에 속했다.

프랑스 학생들은 지구과학과 생물 교과보다는 물리와 자연의 성질을 묻는 질문에서 상대적으로 더 잘했다. 사실과 원리에 대한 지식에서는 수치가 떨어졌지만 간단하든 복잡하든 문제 해결 분야에서는 더 좋은 결과를 얻었다. 전기에 대한 문제, 예를 들어 전기의 도체와 부도체를 묻는 질문에는 90% 이상의 학생들이 답을 해 가장 잘하는 분야였다. 지구과학, 식물, 물리 특히 압력과 고도와의 관계 또는 물의 상태 변화에 의한 결과 등과 같은 문제에서는 학생의 30% 내지 40%밖에 답을 맞히지 못해 가장 성적이 안 좋은 분야였다.

다른 예를 들자면, 중2 학생 3분의 1과 중3 학생 절반만이 사지선다형 문제에서 물이 얼 때 물은 부피만 변한다는 답을 맞혔다. 다른 세 가지 선택지는 “질량만 변한다”, “화학적 구성만 변한다”, “화학적 구성과 부피와 질량이 변한다”로 제시되었다. 학생들 수준의 편차에는 나이, 성별, 가족의 교양 수준이라는 세 가지 요인이 작용한다. 사실 중3 학생들이 아직 배우지 않았는데도 다행히도

중2 학생들보다 특히 국어에서 더 잘했는데, 이는 곧 이 평가가 학교 교육의 틀을 넘어서 있다는 점을 시사해준다. 남학생이 여학생보다 특히 물리, 지구과학, 천문학에서 더 앞섰다. 그리고 교양 수준이 높은 가정 출신 아이들이 그렇지 않은 아이들보다 점수가 높았다.

다른 요인들도 물론 결과에 영향을 주었지만, 훨씬 미미했다. 예를 들어 텔레비전 시청 시간은 다소 부정적 영향을 준 반면 교실에서 정기적으로 하는 실험은 다소 긍정적 영향을 주었다. 가정에서 행해지는 가족의 역할은 자연과학에서는 불분명했는데, 결과가 부정적으로 나온 것에 대해서 다른 평가들을 통해서 보다 확실하게 확인할 필요가 있다. 수학의 경우에는 집에서 숙제를 오랜 시간 하는 편이 더 좋은 결과를 가져 왔다.

미국 학교의 과학 교육

미국에서의 과학 교육은 대변혁 단계에 있다.
전국의 학생을 대상으로 하는 국가표준 교육과정이
과학 교육의 내용과 이상적 조건을 새롭게 규정하고 있다.
이 개혁의 지향점은 학생들이 계획적, 계도적, 집단적 상호작용을 통해
현상의 의미를 구축해 나가는 데 있다.

미국에서 진행 중인 과학 교육 혁신 바람은 오랜 역사의 산물이다. 이를테면 60년대 소비에트 연맹의 스푸트니크 1호 발사 이후에 과학자, 교육 심리학자, 교육자들은 과학 교육의 질적 향상을 도모하고, 이에 필요한 기자재와 적합한 연수가 딸린 수업 모델을 고안해 내었다. 이제는 먼 이야기가 되어 버린 이 모델은 대다수의 학교 현장에 큰 영향을 주지 못했다. 왜냐하면, 수업의 선택 여부가 교사 개인의 재량이었기에 이러한 방식이 널리 확산되지 못한 까닭이다. 그 배경으로, 미국의 교육제도가 초등학교만큼은 여러 면에서

프랑스에 뒤처져 있었던 사실을 환기해 볼 필요가 있겠다.

국가표준 교육과정의 제정

10여 년 전부터 세계 경제의 경쟁 구도 속에서 다급해진 미국은 학교 과학 교육에 이례적인 개혁을 단행하였다. 이 개혁은 아이의 발달 단계, 시민교육의 필요, 선행 실험의 결과들을 폭넓게 고려한 것이었다.

이 시책은 앞으로 보다 견고해지고 영향력이 커질 것이다. 왜냐하면 유치원에서 대학까지 학생 전체를 위한 과학 교육의 필요성에 대한 국가적 합의를 바탕으로 이루어졌기 때문이다. 이러한 합의는 미국과학협회와 국립연구위원회(NRC)의 실질적인 도움을 받아 1995년 발간된 책자에 적시되어 있으며, 미국인들이 미국 과학 교육을 위한 표준으로 부르는 지침을 통해 내용 항목을 예시를 들어가며 상세히 기술하고 있다. 구속력을 갖는 우리 국가 수준 교육과정을 알지 못한 채 제정한 미국의 국가표준은, 일선 학교 및 주 단위 것과 별도로 교육의 기본 틀을 제공하기 위하여 상세하게 규정한 목표, 원칙, 교수지침, 내용, 역량 항목으로 구성되어 있다.

내리 4년에 걸쳐 교사, 과학자, 기업인, 교육 전문가, 기관의 장, 지자체 교육청 담당자, 교육 심리 전문가 등으로 구성된 소위원회들이 국가표준의 제정을 위해 노력하였다.

연속 5개 버전이 수천 명이 넘는 개인과 수백 개나 되는 과학자 및 교육자 단체의 손을 거치며 각계의 비판을 수용하였다. 이처럼 광범위한 합의에 따라 1995년 9월 완성된 최종본의 핵심 원칙은 다음과 같다.

- 모든 학생들은 과학을 배울 수 있고 배워야만 한다.
- 과학자들처럼 아이들도 실험을 통한 탐구 즉 미국에서 널리 쓰이는 *핸즈온*(프랑스 말로 하자면 라맹알라파트), 이를 보다 넓게 말하자면 어떤 현상에 대해 의미를 구축하는 성찰적 사고를 통해서 자연 세계와 기술 세계에 대한 이해를 넓혀야 한다.
- 과학 교육의 내용은 여러 분야 기초지식의 단순 나열에 그치지 않고, 직접 조작해보고, 실험을 통해 탐구하고, 인간과 사회에 미치는 과학의 영향을 알아보고, 과학의 성질과 그 역사를 이해하는 데 바탕을 두어야 한다.
- 부모, 기업 등 사회의 모든 구성원은 국가표준에서 명확히 제시하고 있는 목표를 위해 소임을 다 해야 한다.

따라서 개혁은 단순히 학생들이 알아야 할 지식이나 기량만이 아니라, 교수, 평가, 수업준비, 교사교육은 물론 교육의 권리와 책임을 위해 봉사해야 하는 학교, 교육청, 주 정부, 국가 수준의 지원들로부터 각각 무엇을 기대할 수 있는지를 분명히 제시하여야 한다.

성공의 조건

어떤 합의를 이끌어내는 일은 교육 체제에서 필요한 변화를 도모하기 위해 주목받고 또 그만큼 중요하다. 하지만 이것으로 충분치 않다. 미국의 교육 체제는 광범위하고 탈중앙화되어 있어 50개주, 16,000개 지역 교육청에서 개혁안을 채택하여 시행하기까지에는 상당한 시간이 걸린다.

그러나, 시카고, 파사데나, 보스톤, 샌프란시스코 등에서는 실험이 상당히 앞서가고 있어 이런저런 교훈을 얻을 수 있다. 이러한 시도가 성공하기 위해서는 교육청 단위의 지원, 유능한 교육자의 실재, 과학 코디네이터로 불리는 유력인사가 필요하다. 한편 교사들도 수업의 내용을 분명히 해주고, 즉흥적이어선 안 되지만 학습 상황을 자유롭게 선택할 수 있도록 해주는 어떤 틀을 필요로 한다. 또한, 교사들에게는 좋은 교재와 함께 실험에 필요한 재료들을 정기적으로 공급해주는 기자재 지원 서비스도 필요하다. 교사들은 상시 전문 연수 프로그램을 통해 자기연찬 시간을 갖고 수석 교사들이 정기적으로 교실 수업을 지원해주길 바란다. 팀 수업을 원하는 교사들의 수도 점점 늘어나고 있다. 끝으로, 개혁이 원만하게 정착되기 위해서는 실행가들이 아이들의 활동뿐만 아니라 교사들의 노력도 평가할 필요가 있다. 어렵긴 하겠지만 더 중요한 일은 탐구형 교육을 이수한 학생들의 학습 내용을 크게 수준별로 구축해 놓은 평가 체제를 도입하는 일이다.

공동 작업이 관례가 아닌 박물관, 과학문화센터, 대학교, 기업, 의료 센터 등과 같은 과학 지식수준이 높은 기관들이 교육제도 안에서 상호 협력할 때 실험이 더 잘 된다. 이러한 협업은 다양한 형태로 이루어진다. 교사가 외부 인사를 자기 수업에 초청하는 경우도 있고, 기관이 수업 설계나 전문 교사 연수에 필요한 커리큘럼을 만드는데 유용한 정보를 제공하고 설비나 재정적 지원을 해주며 학생들에게 교실을 벗어난 과학적 체험을 제공하는 기회도 자주 있다.

지난 10년간 정보통신기술의 괄목할만한 발전은 기자재나 교육과정의 발전만큼 과학 교육을 향상시키는 데 기여하였다. 특히 컴퓨터망을 통해 접할 수 있는 엄청난 양의 연구 자료와 정보를 교사들이 이용할 수 있게 되었다. 물론 아직은 그 영향력이 미미하고 재정적 취약이 걸림돌이기도 하지만, 더 큰 문제는 교사들이 이러한 통신 설비를 익숙하게 다루지 못한다는 점이다. 이런 가운데 박물관은 과학 기술의 활용을 장려하는 탁월한 공공 연수 프로그램을 제공하고 있다.

드디어 과학 교육의 질적 향상을 위한 총체적 관심이 고조되면서 이를 위한 여러 가지 방법이 동원되었다. 일단 뚜껑을 연 변화의 바람이 안정권에 들자면 학교 특히 교수법 분야에서 총체적이고도 지속적인 변화를 도모하고 학습의 기제를 이해하는 동시에 모두에게 같은 교육 기회가 제공되어야 한다. 과학을 학습하게 되면 학생들의 그룹 활동, 교사들의 교육팀 구성, 학교 밖의 과학 또는 전문 커뮤니티로의 개방이 활성화되면서 교육 방법과 학교 기능에 일련의 변화를 재촉하게 된다.

과학과 더불어 읽고, 쓰고, 셈하라

초등교육이 추구하는 3대 목표가 읽기, 쓰기, 셈하기에 있다면,
그 의미와 내용을 풍요롭게 해주는 소재를 과학에서 찾을 수 있다.

지난 몇 년 동안 초등학교에서 의무적 제약을 대폭 줄이고 보다 학습자 눈높이에 맞는 교육으로 돌아가야 한다는 목소리가 커졌다. 따라서 학생과 교사가 새로운 과학 지식에 대한 열정을 가져야 한다는 주장은 앞뒤가 안 맞아 보일 수 있다. 그러나 초등학교에서 과학 기술 교육의 혁신을 도모할 할 때, 우리가 기대하는 바는 바로 이 점이다. 이 관점에서 초등학교에서 시행되고 있는 다양한 교육의 행태를 면밀히 검토해보면 결국 우리의 주장과 방식에 회의적인 사람들에게도 확신을 안겨줄 수 있다. 과학 교육의 활성화는 학교 고유의 임무, 다시 말해 학생 한 명 한 명에게 읽기, 쓰기, 셈하기를 더 잘 가르칠 수 있도록 한발 짝 앞으로 나아가게 해준다.

과학과 함께 읽기

어떤 글을 이해한다는 것은 이전의 학습에서 성공했을 지라도 모든 초등학교 학생들이 똑같은 방법으로 성공할 수 없는 섬세한 활동이다.

우리는 읽기에 어려움을 느끼는 학생에게 통독, 속독, 낭독 등 읽는 기술을 집중적으로 가르쳐서 일반 독해 능력을 향상시킬 수 있다고 생각한다. 그런데 실제로는 일단 초보 학습 단계가 지나면, 어린 독자가 찬찬히 쌓아 놓은 지식이야말로 읽은 내용을 이해하는 데 가장 효과적인 지지대가 된다. 따라서 과학, 기술, 역사, 지리, 예술, 문학 등의 교육을 포기해 버리는 것은 가정에서 그러한 혜택을 받은 아이들과 그렇지 못한 아이들 간의 격차를 더욱더 벌려 놓는 셈이 된다.

아이들에게 읽을거리를 다양하게 제공해 줌으로써 이러한 격차를 메울 수 있다고 믿었던 것 같다. 그래서 교과서나 학습 자료에 다양한 내용, 예컨대 문학 텍스트 다음에 조리법이 나오기도 하고 그다음에 보호 동물에 관한 과학 자료나 몇 컷의 만화 같은 것들로 채워지곤 했다. 페이지 곳곳에 글의 전반적 의미를 파악하는 독해 수준을 묻는 엇비슷한 질문들이 가득하다. 만일 아이가 이러한 무작위로 주어지는 글에서 어떤 것을 기억한다 하더라도 아이는 자기가 주로 보는 방송에서 많이 본 것과 같은 방식의 무질서 속에서만 기억하게 될 것이다.

이와 반대로, 아이가 과학적 또는 역사적, 지리적 등 방식으로 일련의 체계적인 조건을 만들어 갈 때마다 교사가 해야 할 진정한 역할이 있다. 그건 바로 방식과 절차를 만들어 주는 일이다. 왜냐하면 학생은 교조화된 방식의 기록에 의해서가 아니라 그가 보고 활동하고 효과를 증명하고 묘사하고 해석하는 무수한 경험을 통해서 이해한다는 것을 교사는 알기 때문이다. 또한 방식과 절차의 체계적인 연계성을 만들어 주는 일이다. 왜냐하면 유의미한 지식들이 아이의 기억 속에 각인되는 것은 바로 이 과정을 거치기 때문이다. 이처럼 잘 정돈된 지식은 토론이나 독서 또는 나중에 학습할 때 다시 꺼내 사용할 수 있게 된다.

그러므로, 아이가 자신이 읽은 것을 제대로 이해하고 성공하기 위해서는 초등학교 또는 중학교에서 필요한 지식의 밭을 진정한 자기 것으로 만들어 나가야 한다. 따라서 고전이든 동시대의 것이든 서지 자료의 기본 틀이 되는 도서목록을 만들어서 종종 들여다보고 싶게끔 되어야 한다.

과학과 함께 쓰기

글쓰기는 성인들도 제대로 숙달되기 어려운 작업이다. 그래서 교육과정 전반에 걸쳐서 글쓰기는 학생이 자신의 지식을 필기하고 내용을 종합하고 지식을 수정하는 활동을 통해 체계화하고, 질문에 답하고 과제를 하는 활동을 통해 제대로 습득이 이루어졌음을 보여주는 매개체이다.

아이가 제대로 글을 쓰도록 해주기 위해서는 알아볼 수 있는 필체와 정서법을 익히게 하는 것으로는 충분치 않다. 아이는 필요한 정보나 아이디어를 모아서 원하는 글의 형식에 따라 정리하고 그 표현을 위한 적절한 언어를 찾을 수 있어야 한다. 이러한 능력을 갖추기 위해서는 글쓰기가 요구되고, 특정한 조건에 따라 글의 형식이 제약받는 의사소통 상황에 아이가 정기적으로 노출되어야 한다.

실제로 해보게 하는 데 비중을 두는 과학 교육의 활성화와 함께 학교는 특정한 주제의 형식에 맞춰 훈련할 수 있는 기회를 정기적으로 부여해야 한다. 과학 기술 교육의 모든 면은 실제로 절제된 글쓰기의 사용을 이끌어낸다. 관찰 데이터를 기록하고 정리하고 해석하기 위해 변형하는 일 등은 아이가 점진적으로 구성해 나가는 것만큼이나 복잡한 일이다. 실험 장치를 예상하고 상상하고 그것을 적용하는 일에는 글로 써야 하는 여러 방식이 요구된다. 실험보고서를 써서 그것을 설득력 있게 만든 결과를 가지고 남들과 소통하는 데에는 글쓰기의 여러 용법이 필요하다.

글의 배열 방식이 중요하다면 문장을 제대로 써 내는 일도 그에 못지않게 중요하다. 과학 문서는 사실상 일인칭이 아닌 삼인칭을 쓰고 과거형이 아닌 시간과 관계없는 현재형을 사용한다. 저자의 입장에서 본 사건과 현상을 알려 주는 여기, 지금, 오늘, 어제 등의 단어들을 쓰지 않고 대신 물리적 공간과 시간의 좌표를 말해주는 단어들을 사용하는 등의 서술 과정을 거쳐야 한다. 마지막으로 실험보고서에는 또한 텍스트, 이미지, 도표, 그림 등의 정교한 유기적 결합이 요구된다.

이처럼 초등학교에서 관찰과 실험에 기반을 둔 과학 기술 정규 교육은 어린 아이가 효율적인 글쓰기 능력을 갖추도록 도와주는 아주 특별하고 풍요로운 바탕이 된다.

과학과 함께 셈하기

전국 수학 평가 시험에서 학생들이 겪는 어려움을 분석해 보면, 사칙연산(덧셈, 뺄셈, 곱셈, 나눗셈) 기술만이 문제가 아니라는 것을 알 수 있다. 예전 선생님들이 말하던 '연산의 의미' 즉 문제에서 이들을 적용하는 방법이 많은 아이들을 주눅 들게 한다.

이 분야에서 아이들의 학업을 향상시키기 위해서는 두 가지 방법이 있다. 하나는 아이가 연산을 생각해 보고 문제를 해결하도록 하는 상황을 많이 만들어 주는 데 목표를 두는 것이다. 즉 이미 하고 있듯이 현재 학급에서 유행하는 인쇄된 연습문제 파일을 많이 풀어보게 하는 것이다. 이 방법은 기대하는 결과가 바로 보장되는 것은 아니다. 두 번째 태도는 최근에 구입한 책을 정렬하기 위해서 도서관의 서가를 어떻게 보충해주어야 할 것인가와 같은 '문제 상황'을 만들고 아이들이 기하학적인 모델을 만들고, 측정하고 예측하고 검증하며 적용하고 수정하는 등 여러 단계를 거치며 해결해 보도록 도와주는 데 목표를 두는 것이다. 이러한 교육적인 방법의 발전은 교실에서 커다란 성공을 얻지는 못했다. 이러한 '문제 상황'이 책에서 다루어질 때는 인쇄된 연습문제 형태로 주어지는데, 이는 주어진 상황에 특별한 성격이 부여되었다는 것 말고는 전통적 서술과 차별화가 되지 않기 때문이다.

초등학교에서의 과학 기술 활동의 활성화가 어떻게 선생님들을 올바른 방향으로 자연스럽게 나아가게 할 수 있는지 쉽게 생각한다. 문제를 해결하는 방법은 단순한 응용문제처럼 접근해서는 안 된다. 수학은 이제 아이 자신이 필요하기 때문에 직접 틀을 만들어야 하는 또한 간직하고 기억하는 도구가 된다. 수학의 의미는 사용을 통한 경험으로부터 자연스럽게 도출되는 것이다.

물론, 우리의 문제는 그 때 그 때 상황에 따라 산술이나 기하를 가르치는 데 전력을 기울이는 그런 성질의 것이 아니다. 수학의 개념들은 자체의 논리와 일관성을 가지며 상호 연계성을 가진다. 예컨대 유치원에서부터 사물을 나누는데 나눗셈 정리를 사용할 필요가 있을 수도 있다. 그러나 집단의 원소들을 배분하는 방법 같은 문제를 해결하는 다른 쉬운 방법이 있는데도, 해당 연산 기술을 아이들이 습득하게 하는 것은 분명 도움이 되지 않는다. 반면, 나눗셈 문화에 이미 익숙한 고학년 아이가 문제를 푸는 데 있어, 어려움을 대체하기 위해 여러 가지 경험을 통해 다른 방도를 찾도록 가르침을 받는다면 아이는 그 의미를 이해하는데 어려움을 느끼지 않을 것이다. 계산 능력의 습득은 또한 이러한 활동을 통해서 이루어진다.

따라서 초등학교에서 과학과 기술을 배우는 것은 일종의 기분전환이나 의무교육 첫 단계에 기울여야 할 노력에서 벗어나 있는 것이 결코 아니다. 이러한 활동은 아이가 아주 어릴 때부터 주위의 세상과 함께 할 수 있도록 인도하고 항상 빠르게 변하는 과학 기술의 발전이 제기하는 문제에 곧바로 적응할 수 있게끔 해준다. 더욱이 이러한 활동은 학교 본연의 목적, 즉 학교에 맡겨진 모든 학생들에게 읽고, 쓰고 셈하도록 가르치는 일을 보다 훌륭히 수행하도록 해준다.

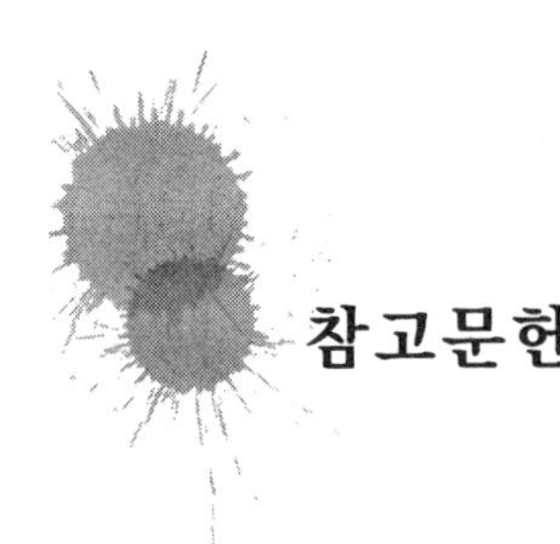

참고문헌

Activités d'éveil scientifique à l'école élémetaire, volumes I à VI, Institut national de recherche pédagogique, Paris, 1973 à 1980.

La Culture scientifique et technique pour les professeurs des écoles, coord. par B. Andriès et I. Beigbeder, Hachette Éducation, Paris, 1994.

Découverte de la matière et de la technique, coord. par J. L. Martinand, Hachette Éducation, Paris, 1995.

Découverte du vivant et de la Terre, coord. par J. Deunff, Hachette Éducation, Paris, 1995.

Culture technique, pour quelle humanité ? Les activités techniques à l'école maternelle, Congrès de l'Association générale des institutrices et instituteurs de l'école maternelle, 1995.

Ensignement des sciences et des techniques à l'école élémentaire, Didaskalia, n°5, Institut national de techerche pédagogique et université de Laval, de Boeck, Bruxelles-Paris, 1995.

Rapport sur les expérimentations nord-américaines et leur compatibilité avec le contexte français, coord. par C. Larcher, Institut national de recherche pédagogique, Paris, 1995.

« Programmes de l'école primaire », *Bulletin officiel de l'Éducation nationale*, 5, 9.3.1995.

National Science Education Standards, National Research Council, National Academy Press, Washington D.C., 1996.

« Développement des sciences à l'école primaire », *Bulletin officiel de l'Éducation nationale*, 31, 3.9.1996.

« Regards sur la lecture et ses apprentissages », Observatoire national de la lecture, ministère de l'Éducation nationale, de l'Enseignement supérieur et de la Recherche, 1996.

Quelques ouvrages des auteurs de *La Main à la pâte* :

Goéry Delacôte, *Savoir apprendre*, Éditions Odile Jacob, Paris, 1996.

Sophie Ernst, « Les professeurs d'école et la culture scientifique et technique », *Documents et travaux de recherche en éducation*, Institut national de recherche pédagogique, 1996.

Jean Hébrard, *La physique est un jeu d'enfant*, Armand Colin, PAris, 1996.

Albert Jacquard et Dominique Bolle, *E = CM2*, Le Seuil, Paris, 1993.

한국어판 사진 출처

사진1. 라맹알라파트재단 제공
사진2. 라맹알라파트재단 제공
사진3. 라메종데시앙스 제공
사진4. 라메종데시앙스 제공
사진5. 라메종데시앙스 제공
사진6. 라메종데시앙스 제공
사진7. 라메종데시앙스 제공
사진8. 라메종데시앙스 제공
사진9. 라맹알라파트재단 제공 2020 부로셔
사진10. 라메종데시앙스 2020 홈페이지

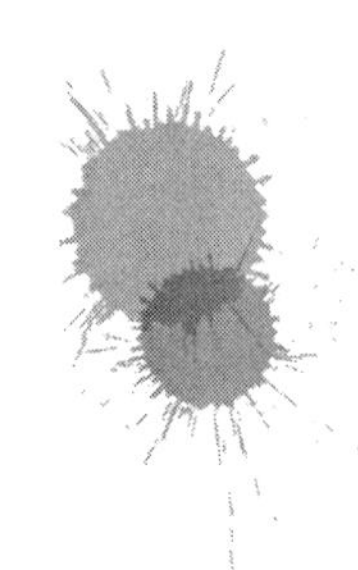

부록

저자 소개

대표 저자 : 조르주 샤르파크(Georges Charpak)

출생 : 1924. 8. 1, 폴란드 Dąbrowica
(현 우크라이나 Dubrovytsia)
사망 : 2010. 9. 29, 프랑스 파리
학력 : Lycée Saint-Louis 졸업
École des Mines de Paris 졸업
Collège de France 물리학 박사(1954)
주요 연표 :
7세 때 가족 프랑스 이주(1931)
유태인 수용소 수감(1944~1945)
프랑스 귀화(1946)
프랑스 학술원 회원(1985)
노벨 물리학상(1992)
프랑스 정부 레종도뇌르 훈장 수여(1993)
라맹알라파트 운동 정초(1995)

우크라이나 유태인 가정에서 태어나 프랑스로 귀화한 핵물리학자, 교육자, 사회운동가. 노벨상을 수상한 세계적 과학자이자 20세기 격동의 유럽 역사의 증인이기도 하다. 청년기 레지스탕스 활동으로 나치 수용소에 투옥되며, 여기서의 경험은 반독재 투쟁과 핵의 평화적 사용을 촉구하는 평화주의자의 길을 걷게 한다. 1959년부터 제네바의 유럽입자물리연구소(CERN)에서 일했으며, 파리에서는 고등물리 및 화학 교수이자 프랑스학술원 회원으로 활동하였다. 만년에는 시민 과학교육에 뜻을 두고 국내외 연구자들과 '라맹알라파트' 운동을 펼쳐나간다. 특히 어린이를 위한 크고 작은 행사에 연사로 나가 과학을 하는 올바른 태도를 심어주고자 노력하였다. 높은 데서 낮은 데까지 몸소 임하는 진솔한 삶을 통해 새로운 학자 상을 제시하였으며, 사후에도 많은 프랑스인의 사랑과 존경을 받고 있다. 입자 궤적 측정기인 '다중선비례검출기'를 발명한 공로로 1992년 노벨 물리학상을 수상한다. 1998년 한국물리학회의 초청으로 방한하여 "검출기 연구에 바친 나의 일생"이란 주제로 강연하기도 했다.

공동 저자

떼레즈 브와동 : 유치원장, 공립유치원교사협회장

조르주 샤르파크 : 1992 노벨 물리학상 수상자, 과학아카데미 회원

고에리 드라꼬뜨 : 샌프란시스코 액스플로라트리움 박물관장

소피 에른스트 : 크레테이 사범학교(IUFM) 교수,
국립철학교육연구소 연구원

마리 에스깔리에 : 교사, 초등교사 교육자

쟝 에브라르 : 역사가, 교육부 장학관

미레이 이봉 : 유치원 교사

알베르 쟈까르 : 인구 유전학자

이브 쟈냉 : 초등학교 교장, 마이크로컴퓨터교육 협회장

피에르 레나 : 천체물리학자, 국립교육연구소 상임위원회장

알렉산드르 밀라르 : 과학 사회학자

쟈끄 삐까르 : 생물학자, 파리7 대학 교수

끌로드 뗄로 : 교육부 대학 및 연구소 평가 담당 책임자

앙드레 띠베르기엔 : 물리학자, 교수법전문가,
국립과학연구소 연구 담당 책임자

카렌 월스 : 교육자, 보스톤 과학교육혁신센터장

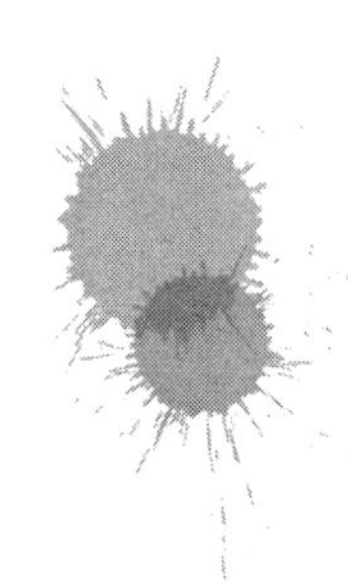

라맹알라파트 재단 소개

사진9. 교실에서 과학이 살아 있게 합시다!

'라맹알라파트' 재단은 교사와 학생들을 긍정적으로 자극하여 창의적이면서 매력적인 과학의 길로 인도할 수 있는 아이디어와 실천 방법을 연구하고 지원하는 곳입니다. 프랑스 과학아카데미와 파리 및 리옹의 고등사범학교의 협력으로 2011년에 설립된 본 재단은 국내 및 국제적 네트워크를 발전시키고 초등학교 및 중학교에서 매력적으로 활용할 수 있는 교수법을 전파하는 데 힘쓰며, 교사들에게 폭넓은 교사 양성 방법과 교육 자료를 제공하고 있습니다.

'라맹알라파트' 운동은 학교 과학 교육의 전통적 교수법과는 대조적으로, 어린이와 청소년에 대한 지속적인 관심을 통해 이들이 사는 세상에서 과학 교육은 무엇을 해야 하는가, 과학적 발견 학습은 지능과 감성 훈련, 인성 및 재능 계발, 사회적 관계 및 진로 개척에 어떻게 기여할 수 있는가의 문제를 부단히 연구하고 실천하는 도도한 물결입니다. 이 운동의 성격을 다음 세 가지 구호에 담아 명료하게 제시하고 있습니다.

- 일상에서 쉽게 접근할 수 있는 '살아 있는 과학'
- 우리 시대의 문제 해결을 촉진하는 '모두를 위한 과학'
- 민주적 기회의 평등을 강화해주는 '더불어 삶을 위한 과학'

창의적이면서 매력적인 과학 교육

노벨상 수상자인 조르주 샤르파크에 의해 1995년 시작된 '라맹알라파트' 운동의 산실이기도 한 '라맹알라파트' 재단은 유치원 과정부터 중학교 과정에 이르는 과학 및 기술 교육에서 능동적이면서 체계적인 실천을 장려하며, 다음과 같은 자질을 함양할 수 있도록 돕고 있습니다.

- 과학에 대한 흥미
- 호기심
- 창의성
- 이성적 사고 능력
- 비판적 사고
- 말하고 쓰는 표현 능력
- 시민의식 훈련
- 협동심

"과학적 사고, 비판적 사고"

어떻게 하면 과학 운동에서 도출된 노하우가 일상생활에서 비판적 사고를 갖추는 데 도움이 되는가? 우리의 교육 프로젝트는 개별적 과학 교육 현장을 강조함으로써 이에 대한 정확한 답을 가져다줍니다. 우리의 프로젝트는 학생들이 스스로 정보를 평가하고 토론하고 서로 도우면서 혁신하는 법을 배우는 것을 통해 세상에 대해 자신만의 의견을 가질 수 있게 해줍니다.

교사들에게 무료로 제공되는 다양한 자료

모든 교수자를 위해 다양한 과학 자료 및 교수법 자료를 만들고 있으며 이들이 자유롭게 인터넷이나 소셜 네트워크에서 이용할 수 있도록 제공하고 있습니다. 이와 더불어 "과학 구슬"이라는 유튜브 채널을 유명한 과학 분야 영상 제작자들과 함께 운영하고 있습니다. 이 영상들은 짧고 접근하기 쉬운 포맷 형태로 되어 있으며, 교실에서 활용할 수 있는 독창적이면서 학생들을 자극할 수 있는 실험 및 과학적 발견을 소개합니다. www.billesdesciences.org

전국적으로 자리잡은 국가 네트워크

'라맹알라파트' 재단은 프랑스 교육부와 여러 고등교육기관과의 강력한 연계 하에 전국에 걸친 네트워크를 총괄하고 있습니다. 초등교육 및 중등교육 교사들을 돕고 이들이 과학적 사고를 강조하는 과학 및 기술교육을 할 수 있는 각종 도구를 제공하는 것입니다. 과학아카데미 및 과학 단체들과의 긴밀한 협력을 통해 교육 목표를 세우고, 학습활동 유형을 개발하여 보급하는 프로젝트를 수행하며 영역별 파트너를 연결해 주는 일도 수행하고 있습니다.

선도 센터는 초등학교에서의 과학 교육을 혁신할 수 있는 방법을 연구하는 그룹을 도시 또는 도 차원에서 모은 곳입니다.

선도 중학교는 지역 기업 및 연구소와 연계하여 중학교 1학년부터 4학년까지의 과학 교육을 위한 독창적인 실천 방법을 전파하는 곳입니다.

과학관은 초등학교, 중학교 교사 및 여타 교육기관의 강사들에게 과학 교육에 특화된 전문가 양성 프로그램을 제공합니다. 교사들 스스로가 살아있는 과학, 사람을 매료시키는 과학에 가까워질 수 있게 하기 위해 우리의 과학관은 여러 대학 내에 설립되어 과학자들과 교육가들을 연결시켜 주고 있습니다.

지구촌을 잇는 국제 네트워크

'라맹알라파트' 운동은 프랑스는 물론 전 세계의 교육 시스템 개선에 영감을 줄 수 있는 비전을 제시하였습니다. '라맹알라파트' 재단이 25년의 경험을 통해 발전시킨 교본과 도구는 전 세계로 퍼져 나가고 있습니다. 오대륙에 걸쳐 40개가 넘는 국가가 '라맹알라파트'와 협력하고 있습니다. 오늘날에는 특히 프랑스어권 아프리카 국가, 그리고 '기후변화 교육 사무국'[23]을 통한 라틴아메리카 국가와의 협력이 특히 집중적으로 이루어지고 있습니다. 해외 파트너와의 협력은 프로젝트 개시 단계 감정 및 지원, 교사 양성, 교수법 및 학술 자료 교환과 같이 다면적 차원에서 이루어지고 있습니다.

사회적 쟁점에 대한 응답 : 우선되는 기후 변화 교육

라맹알라파트 재단은 2018년 여러 과학 단체와 함께 '기후변화 교육 사무국'을 설립하였습니다. 2020년부터 유네스코의 후원을 받는 이 기관은 선진국 및 개발도상국에서의 기후 변화에 대한 교육을 장려하고 있습니다. 이곳에서는 교수자 양성 및 교육 자료 제공과 더불어 교사, 강사, 연구자 및 기타 제도권 인사들 중 기후 변화 교육에 관심을 갖고 있는 활동가 커뮤니티를 후원하고 있습니다.

설립 주체

프랑스 과학아카데미, 파리고등사범학교, 리옹고등사범학교

협약 기관

프랑스 교육 · 청소년부, 프랑스 고등교육 · 학술연구 혁신부

---

23) www.oce.global/fr

파트너쉽

재단의 활동과 프로젝트를 후원하는 다양한 기관 및 단체의 지원을 받고 있습니다.

www.fondation-lamap.org/fr/partenaires

재단 홈페이지 : https://www.fondation-lamap.org/

재단 주소 : 43, rue de Rennes 75006 Paris

재단 연락처 : +33 (0)1 85 08 71 79

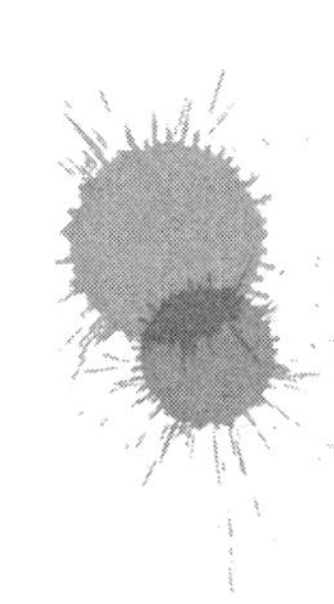

라메종데시앙스 소개

사진10. 라메종데시앙스와 함께 탐구합시다!

교육 현장에서 라맹알라파트의 실현을 돕고 있는 선도 기관으로 라메종데시앙스가 있습니다. 라메종데시앙스 프로젝트는 샤트네-말라브리(Châtenay-Malabry) 시가 이공계 연구중심 대학원 에콜상트랄파리(École Centrale Paris)와 연대하여 우선교육지구(ZEP) 초등학교 간의 협력 네트워크 구축을 위하여 다음과 같은 목표를 표방하며 2000년에 결성되었습니다.

- 우선교육지구 위주로 대학생과 수석교사가 지원하는 과학교육 지원 시스템을 만든다.
- '탐구의 방식'을 가르치는 교사 연수 체제를 확립한다.
- 과학 · 기술 자원을 공급하는 리소스 센터를 구축한다.
- 우선교육지구 중학교 출신 고교생들의 학업 지원 시스템을 만든다.

현재 과학적 접근을 목표로 하는 다수의 프로젝트를 수행하는데 그랑제꼴 학생들이 참여하고 있으며, 프랑스 전역에 15개의 과학 교육 거점 센터를 두고 있는 라맹알라파트 재단과도 긴밀한 협력 관계를 구축하고 있습니다. 2011년 제9차 과학 포럼 개최를 계기로 국립과학학술원, 오드센 교육청, 샤트네-말라브리 시, 에꼴상트랄파리, 국립광학연구소와 상호 협력 시스템을 구축하였습니다.

라메종데시앙스는 과학적 탐구의 연계성을 중시하여 "유치원부터 고3까지 학생을 위한 과학의 길 만들기"라는 프로젝트를 통해 탐구 과정 이행이 중단되지 않도록 돕고 있습니다. 홈페이지에 방대한 자료 센터를 구축하여 과학교육의 허브 역할을 하고 있습니다. 교수자 교육을 위한 연수 프로그램으로 '엑스포-아틀리에'를 정기적으로 개최하고 있으며, 매월 화요일 저녁 예외 없이 개최되는 교수자 · 연구자 월례 회의를 통해 사례 발표 및 교육 정보를 나누고 있습니다.

2017년부터 중학교 과정의 모든 수업에 로봇 도전 과제를 개방하고 있습니다. 알고리즘과 프로그래밍은 아동이 개발해야하는 부분입니다. 이를 위해 로봇과 태블릿 대출을 제공하고 원하는 경우 교실 지원도 제공합니다. 또한 매 학기말 이틀에 걸친 과학 포럼을 개최하여 참가 학생들의 탐구활동을 소개하고 활동을 통해 얻게 된 과학적 지식을 설명하는 행사를 진행하고 있습니다. 2020년 5월 29~30일 제18회 과학 포럼이 예정되어 있습니다.

홈페이지 :
https://sites.google.com/site/maisonscienceschatenay/
주소 : 20 rue Benoît Malon 92290 Châtenay-Malabry
연락처 : +33 (0)1 40 94 91 56 /
lamaisondessciences-chatenay@ac-versailles.fr

라맹알라파트

- 호기심 반죽에 손 담그기, 프랑스 과학교육의 새로운 물결 -

초판 1쇄 발행 : 2020년 4월 30일
원 작 : La Main à la Pâte (ISBN 978-2-0812-7215-6)
대표저자 : 조르주 샤르팍
(편)역자 : 김병배, 윤선영
표지 디자인 : 김다솜
인 쇄 : 금풍문화사(02-2264-2305)
펴낸 곳 : ㄲ세쥬(Que sais-je ?)
출판등록 : 2018. 8. 21. 307-2018-43호
주 소 : 서울 성북구 북악산로 1라길 6
전 화 : 02-6015-0518
팩 스 : 02-6015-0518
가 격 : 14,000원

ISBN 979-11-964704-1-8(03400)

홈페이지 :
https://www.facebook.com/ㄲ세쥬-Que-sais-je--111004263876574/
전자우편 : bravoysy@gmail.com

이 책의 국립중앙도서관 출판도서목록 정보는
서지정보유통지원시스템(http://seoji.nl.go.kr)에서 이용할 수 있습니다.
CIP 제어번호 : CIP2020015028)